Avec le soutien du

CNL
Centre national du livre

Calcul différentiel

COLLECTION LIVRETS D'EXERCICES

Brada	**Applications linéaires. Réduction des endomorphismes**
Lafon	**Algèbre**
Lafon	**Équations algébriques**
Mardon, Corbin	**Méthodes numériques, I. Algèbre linéaire**
Mardon, Corbin	**Méthodes numériques, II. Algèbre non linéaire**
Mazliak	**Calcul de probabilités**
Vo Khac	**Intégration et espaces de Lebesgue**
Vo Khac	**Théorie de la mesure**
Wagschal	**Topologie. Exercices et problèmes corrigés**
Wagschal	**Analyse fonctionnelle. Exercices et problèmes corrigés**
Wagschal	**Intégration**
Wagschal	**Calcul différentiel**

CLAUDE WAGSCHAL

Calcul différentiel

Exercices et problèmes corrigés

COLLECTION LIVRETS D'EXERCICES

HERMANN ÉDITEURS DES SCIENCES ET DES ARTS

ISBN 2 7056 6378 9

Table des matières

CHAPITRE A

Application différentiable

EXERCICES DE NIVEAU ÉLÉMENTAIRE

EXERCICE A1

Soient I une partie de $\mathbf{R}$, a un point de I tel que le filtre $\mathcal{V}(a)$ admette une trace sur $]-\infty, a[\cap I$ et sur $]a, \infty[\cap I$, F un espace vectoriel normé et $f : I \to F$ une application continue au point a. Montrer que f est dérivable au point a si, et seulement si, l'expression $\Delta(h,k) = (f(a+h) - f(a-k))/(h+k)$ admet une limite lorsque (h,k) tend vers $(0,0)$ en restant dans $]0,\infty[\times]0,\infty[$ et tel que $a+h, a-k \in I$. Déterminer alors cette limite.

EXERCICE A2

Soit E un espace normé $\neq \{0\}$, montrer que la norme $\|\bullet\| : E \to \mathbf{R}$ n'est pas différentiable à l'origine.

EXERCICE A3

Soit C une partie convexe complète non vide d'un espace préhilbertien réel E, pour tout $x \in E$ on note $P_C x$ la projection de x sur C. Montrer que l'application $f : x \mapsto d(x,C) = \|x - P_C x\|$ est différentiable dans l'ouvert

$E - C$ [on pose $g(x) = f(x)^2$, montrer que

$$2\big(x \mid P_C a - P_C(a+x)\big) + \|x\|^2 \le g(a+x) - g(a) - 2(x|a - P_C a) \le \|x\|^2$$

et, en utilisant le corollaire 3.28.4 de [W1], en déduire que

$$|g(a+x) - g(a) - 2(x|a - P_C a)| \le \|x\|^2].$$

EXERCICE A4

Soient F un espace normé, $f : [a,b] \to F$ une fonction continue, dérivable à droite sur $]a,b[$, si l'application $f'_d :]a,b[\to F$ est continue en un point $x_0 \in]a,b[$, montrer que f est dérivable en ce point x_0 [appliquer le théorème des accroissements finis à la fonction $x \mapsto f(x) - f'_d(x_0)\,x$].

EXERCICE A5

Soient I un intervalle ouvert de $\mathbf{R}$, F un espace normé et $f : I \to F$ une fonction dérivable. On considère la fonction $g : I \times I \to F$ définie par

$$g(x,y) = \frac{f(y) - f(x)}{y - x} \text{ si } x \neq y \text{ et } g(x,x) = Df(x).$$

Si f est 2-fois dérivable en un point $a \in I$, montrer que g est dérivable au point (a,a) et calculer sa dérivée [appliquer le théorème des accroissements finis à la fonction

$$h : x \mapsto f(x) - f(a) - (x-a)\,Df(a) - (x-a)^2/2 \times D^2 f(a)].$$

EXERCICE A6

Soient E, F des espaces normés, Ω un ouvert de E, a un point de Ω et $f : \Omega \to F$ une application continue. Si f est différentiable dans $\Omega - \{a\}$ et si l'application $x \in \Omega - \{a\} \mapsto Df(x) \in \mathcal{L}(E;F)$ admet une limite T quand x tend vers a en restant dans Ω, montrer que f est différentiable au point a et que $Df(a) = T$ [appliquer le théorème des accroissements finis à la fonction $g : x \mapsto f(x) - Tx$].

EXERCICE A7

Soient E, F des espaces normés, Ω un ouvert de E et $f : \Omega \to F$ une application différentiable. Montrer que l'application $Df : \Omega \to \mathcal{L}(E;F)$ est continue en un point $a \in \Omega$ si, et seulement si, pour tout $\varepsilon > 0$, il existe $\delta > 0$ tel que

$$\|f(a+h) - f(a+k) - Df(a).(h-k)\| \leq \varepsilon \|h-k\| \text{ pour } \|h\| \leq \delta, \|k\| \leq \delta.$$

EXERCICE A8

Soient E, F des espaces normés, Ω un ouvert de E et $f : \Omega \to F$ une application. On suppose qu'il existe une application continue $T : \Omega \to \mathcal{L}(E; F)$ telle que pour tout $x \in \Omega$ et tout $h \in E$

$$\lim_{t \to 0,\, t \neq 0} \frac{f(x+th) - f(x)}{t} = T(x).h.$$

Montrer que f est de classe $\mathcal{C}^1$ et que $Df(x) = T(x)$ pour tout $x \in \Omega$ [appliquer le théorème des accroissements finis à la fonction $g(t) = f(x+th) - tT(x).h$].

EXERCICE A9

Soient E, F des espaces normés, E est supposé de dimension > 1, soient Ω un ouvert convexe de E, a un point de Ω et $f : \Omega - \{a\} \to F$ une application différentiable telle que $\|Df(x)\| \leq k$ dans $\Omega - \{a\}$. Montrer que $\|f(x) - f(y)\| \leq k \|x - y\|$ pour tout $x, y \in \Omega - \{a\}$.

EXERCICE A10

Soient F un espace normé, $f : [a, b] \to F$ une fonction continue, dérivable à droite dans $]a, b[$ et soit C une partie convexe fermée de F telle que $f'_d(x) \in C$ pour tout $x \in]a, b[$. Montrer que $\big(f(b) - f(a)\big)/(b - a) \in C$ [soient $\varepsilon > 0$, $C_\varepsilon = \{y \in F\,;\, d(y, C) \leq \varepsilon\}$ et $u \in]a, b[$, considérer l'ensemble I des $y \in [u, b]$ tels que $\big(f(x) - f(u)\big)/(x - u) \in C_\varepsilon$ pour tout $x \in]u, y]$].

CORRIGÉ DES EXERCICES DE NIVEAU ÉLÉMENTAIRE

EXERCICE A1

Si f est dérivable au point a, pour tout $\varepsilon > 0$, il existe $\delta > 0$ tel que

$$(|\xi| \leq \delta \text{ et } a + \xi \in I) \Longrightarrow \|f(a+\xi) - f(a) - f'(a)\xi\| \leq \varepsilon |\xi|,$$

d'où

$$\|f(a+h)-f(a-k)-f'(a)(h+k)\| \leq \varepsilon(h+k) \text{ si } 0 < h,k \leq \delta,\ a+h, a-k \in I$$

et ceci prouve que $\Delta(h,k)$ tend vers $f'(a)$ lorsque (h,k) tend vers $(0,0)$ en restant dans $]0,\infty[\times]0,\infty[$.

Réciproquement, supposons qu'il existe $l \in F$ et, pour tout $\varepsilon > 0$, $\delta > 0$ tel que pour $0 < h, k \leq \delta$, $a+h, a-k \in I$

$$\left\| \frac{f(a+h)-f(a-k)}{h+k} - l \right\| \leq \varepsilon.$$

Vu la continuité de f au point a, en faisant tendre k vers 0 on obtient

$$\left\| \frac{f(a+h)-f(a)}{h} - l \right\| \leq \varepsilon \text{ si } 0 < h \leq \delta,\ a+h \in I,$$

ce qui prouve que f est dérivable à droite au point a et que $f'_d(a) = l$. On vérifie de même que f est dérivable à gauche au point a et que $f'_g(a) = l$, ce qui permet de conclure.

EXERCICE A2

Supposons différentiable en 0 l'application $f : x \mapsto \|x\|$. Soit $h \in E$, l'application $t \mapsto f(th) = |t|\,\|h\|$ serait alors différentiable en 0 et, en choisissant $h \neq 0$, on obtient ainsi une contradiction.

EXERCICE A3

On a

$$\|a+x-P_Ca\|^2 = \|a-P_Ca\|^2 + 2(x|a-P_Ca) + \|x\|^2,$$

d'où

$$g(a+x) \leq g(a) + 2(x|a-P_Ca) + \|x\|^2.$$

De même,

$$\|a+x-P_C(a+x)\|^2 = \|a-P_C(a+x)\|^2 + 2\big(x \mid a-P_C(a+x)\big) + \|x\|^2,$$

d'où

$$g(a+x) \geq g(a) + 2\big(x \mid a-P_C(a+x)\big) + \|x\|^2$$

où

$$\big(x \mid a-P_C(a+x)\big) = (x|a-P_Ca) + \big(x \mid P_Ca - P_C(a+x)\big),$$

ce qui prouve les inégalités annoncées :

$$2\big(x \mid P_C a - P_C(a+x)\big) + \|x\|^2 \leq g(a+x) - g(a) - 2(x|a - P_C a) \leq \|x\|^2$$

On remarque ensuite [W1, corollaire 3.28.4] que

$$\big|\big(x \mid P_C a - P_C(a+x)\big)\big| \leq \|x\| \, \|P_C a - P_C(a+x)\| \leq \|x\|^2\,;$$

il en résulte que

$$2\big(x \mid P_C a - P_C(a+x)\big) + \|x\|^2 \geq -\|x\|^2.$$

Ceci montre que

$$|g(a+x) - g(a) - 2(x|a - P_C a)| \leq \|x\|^2\,;$$

g est donc différentiable au point $a \in E$ et $Dg(a).x = 2(x|a - P_C a)$.

Lorsque $a \in E - C$, $g(a) \neq 0$ et la différentiabilité de f résulte de celle de g car $f = \varphi \circ g$ où la fonction $\varphi : t \mapsto t^{1/2}$, $t > 0$, est différentiable.

EXERCICE A4

On considère la fonction $\varphi(x) = f(x) - f'_d(x_0)\,x$; cette fonction est continue sur $[a, b]$, dérivable à droite sur $]a, b[$ et $\varphi'_d(x) = f'_d(x) - f'_d(x_0)$. La fonction f'_d étant continue au point x_0 par hypothèse, pour tout $\varepsilon > 0$, il existe $\delta > 0$ tel que $\|\varphi'_d(x)\| \leq \varepsilon$ si $|x - x_0| \leq \delta$, d'où

$$\|\varphi(x) - \varphi(x_0)\| \leq \varepsilon\,|x - x_0| \text{ si } |x - x_0| \leq \delta$$

d'après le théorème des accroissements finis, c'est-à-dire

$$\|f(x) - f(x_0) - f'_d(x_0)(x - x_0)\| \leq \varepsilon\,|x - x_0| \text{ si } |x - x_0| \leq \delta$$

Ceci prouve que f est dérivable au point x_0.

EXERCICE A5

Le théorème des accroissements finis appliqué à la fonction

$$h : x \mapsto f(x) - f(a) - (x-a)\,Df(a) - (x-a)^2/2 \times D^2 f(a)$$

montre que pour tout $x, y \in I$, $x \neq y$,

$$\left\| \frac{f(y) - f(x)}{y - x} - Df(a) - \frac{1}{2}(x + y - 2a)\,D^2 f(a) \right\| \leq \sup_{z \in [x,y]} \|Dh(z)\|,$$

c'est-à-dire

$$\left\| g(x,y) - g(a,a) - \frac{1}{2}(x+y-2a)\, D^2 f(a) \right\| \leq \sup_{z\in[x,y]} \|Dh(z)\|$$

où

$$Dh(z) = Df(z) - Df(a) - (z-a)\, D^2 f(a)\,;$$

lorsque $x = y$, cette inégalité est encore vérifiée d'après la définition même de $g(x,x)$ et $g(a,a)$. L'application f étant 2-dérivable au point a, pour tout $\varepsilon > 0$, il existe $\delta > 0$ tel que

$$(z \in I \text{ et } |z-a| \leq \delta) \Longrightarrow \|Dh(z)\| \leq \varepsilon |z-a|.$$

Prenons $x = a + h$, $y = a + k$ avec $|h| \leq \delta$, $|k| \leq \delta$; tout $z \in [x,y]$ s'écrit $z = a + th + (1-t)k$, $0 \leq t \leq 1$, d'où $|z-a| \leq \delta$ et $|z-a| \leq |h| + |k|$; il en résulte que

$$\left\| g(a+h, a+k) - g(a,a) - \frac{1}{2}(h+k)\, D^2 f(a) \right\| \leq \varepsilon\,(|h| + |k|).$$

Ceci prouve que

$$\|g(a+h, a+k) - g(a,a) - \frac{1}{2}(h+k)\, D^2 f(a)\| = o(|h| + |k|)$$

et il en résulte que g est dérivable au point (a,a) et que

$$Dg(a,a).(h,k) = \frac{1}{2}(h+k)\, D^2 f(a).$$

EXERCICE A6

La fonction $g : x \mapsto f(x) - Tx$ est dérivable dans $\Omega - \{a\}$ et a pour dérivée $Dg(x) = Df(x) - T$. Soit $\varepsilon > 0$, vu l'hypothèse il existe $\delta > 0$ tel que $\|Dg(x)\| \leq \varepsilon$ si $\|x-a\| \leq \delta$, $x \neq a$. D'après le théorème des accroissements finis, on en déduit que $\|g(x) - g(a)\| \leq \varepsilon \|x-a\|$ si $\|x-a\| \leq \delta$ et ceci signifie précisément que f est dérivable au point a et de dérivée T.

EXERCICE A7

1. Montrons que la condition est nécessaire. Appliquons le théorème des accroissements finis à la fonction $x \mapsto f(x) - Df(a).x$ dont la dérivée est $Df(x) - Df(a)$

$$\|f(a+h) - f(a+k) - Df(a).(h-k)\| \leq \|h-k\| \sup_{\xi\in[a+h,a+k]} \|Df(\xi) - Df(a)\|.$$

Soit $\varepsilon > 0$, d'après la continuité au point a de la fonction Df, il existe $\delta > 0$ tel que $\|Df(x) - Df(a)\| \leq \varepsilon$ pour $\|x - a\| \leq \delta$. Prenons $\|h\| \leq \delta$ et $\|k\| \leq \delta$, si $\xi \in [a + h, a + k]$, on a alors $\|\xi - a\| \leq \delta$, d'où

$$\|f(a + h) - f(a + k) - Df(a).(h - k)\| \leq \varepsilon \|h - k\| \text{ pour } \|h\| \leq \delta, \|k\| \leq \delta.$$

2. Réciproquement, choisissons k tel que $\|k\| < \delta$; d'après la différentiabilité de f au point $a + k$, il existe $\delta_1 > 0$ tel que, pour $\|h - k\| \leq \delta_1$

$$\|f(a + h) - f(a + k) - Df(a + k).(h - k)\| \leq \varepsilon \|h - k\|.$$

Vu l'hypothèse, si $\|h\| \leq \delta$ et $\|h - k\| \leq \delta_1$, on a donc

$$\|Df(a + k).(h - k) - Df(a).(h - k)\| \leq 2\varepsilon \|h - k\|.$$

Ceci prouve que, pour $\|y\| \leq \min(\delta_1, \delta - \|k\|)$,

$$\|Df(a + k).y - Df(a).y\| \leq 2\varepsilon \|y\|,$$

c'est-à-dire $\|Df(a + k) - Df(a)\| \leq 2\varepsilon$ sous la seule hypothèse $\|k\| < \delta$. Ceci prouve la continuité de la dérivée au point a.

EXERCICE A8

Soit $x \in \Omega$, on considère la fonction $g(t) = f(x + th) - tT(x).h$ qui est définie sur $[0, 1]$ si h est suffisamment petit et on a

$$\frac{g(t + u) - g(t)}{u} = \frac{f\big(x + (t + u)h\big) - f(x + th)}{u} - T(x).h\,;$$

il en résulte que g est dérivable sur $[0, 1]$ et $Dg(t) = T(x + th).h - T(x).h$. Soit $\varepsilon > 0$, d'après la continuité de T au point x il existe $\delta > 0$ tel que $\|T(x + y) - T(x)\| \leq \varepsilon$ si $\|y\| \leq \delta$, d'où

$$\|T(x + th).h - T(x).h\| \leq \varepsilon \|h\| \text{ pour tout } t \in [0, 1] \text{ si } \|h\| \leq \delta\,;$$

vu le théorème des accroissements finis, on a $\|g(1) - g(0)\| \leq \varepsilon \|h\|$ si $\|h\| \leq \delta$ et ceci signifie que f est dérivable au point x et de dérivée $T(x)$; f est bien de classe C^1 d'après la continuité de T.

EXERCICE A9

Soient x, y deux points de $\Omega - \{a\}$. Si le point a n'appartient pas au segment $[x, y]$, on peut appliquer le théorème des accroissements finis et on obtient $\|f(x) - f(y)\| \leq k\,\|x - y\|$. Lorsque $a \in [x, y]$, étant donné que $\dim E > 1$, on peut trouver un vecteur $z \in E$ tel que les vecteurs $y - a$ et z soient linéairement indépendants. On constate alors que le segment $[x, y + \varepsilon z]$ pour $\varepsilon > 0$ ne contient pas le point a et, si ε est suffisamment petit, ce segment est contenu dans $\Omega - \{a\}$, donc (théorème des accroissements finis) $\|f(y + \varepsilon z) - f(x)\| \leq k\,\|y + \varepsilon z - x\|$; pour conclure, il suffit de faire tendre ε vers 0, f étant continu car dérivable.

EXERCICE A10

La fonction $y \mapsto d(y, C)$ étant continue et convexe, on notera d'abord que C_ε est un voisinage fermé convexe de C et, C étant fermé, que $C = \bigcap_{\varepsilon>0} C_\varepsilon$.

L'ensemble I est évidemment un intervalle d'origine u : u appartient à I car il n'existe pas de x appartenant à $]u, u]$. Étant donné que $f'_d(u) \in C$, $\big(f(x) - f(u)\big)/(x - u)$ appartient à C_ε dès que $x > u$ est suffisamment voisin de u et ceci montre que I est de la forme $[u, c[$ où $u < c \leq b$. De plus, $c \in I$ car I est fermé d'après la continuité de f et le fait que C_ε est fermé. On a donc $I = [u, c]$.

Montrons que $c = b$; raisonnons par l'absurde, supposons $u < c < b$. On a $c \in I$, donc $\big(f(c) - f(u)\big)/(c - u) \in C_\varepsilon$ et, C_ε étant un voisinage de C, il existe $\delta > 0$ tel que $\big(f(c+h) - f(c)\big)/h \in C_\varepsilon$ pour $0 < h \leq \delta$. D'après la convexité de C_ε, on en déduit

$$\frac{c-u}{c-u+h}\,\frac{f(c)-f(u)}{c-u} + \frac{h}{c-u+h}\,\frac{f(c+h)-f(c)}{h} \in C_\varepsilon,$$

c'est-à-dire $\big(f(c + h) - f(u)\big)/(c + h - u) \in C_\varepsilon$ pour $0 < h \leq \delta$, ce qui contredit la définition de c.

Ceci prouve que $\big(f(b) - f(u)\big)/(b - u) \in C_\varepsilon$ pour tout $u \in]a, b[$; en faisant tendre u vers a, on en déduit que $\big(f(b) - f(a)\big)/(b - a) \in C_\varepsilon$ pour tout $\varepsilon > 0$, d'où $\big(f(b) - f(a)\big)/(b - a) \in C$, ce qui prouve le résultat voulu.

EXERCICES DE NIVEAU MOYEN

EXERCICE A11 (Exemple de fonction continue nulle part dérivable)

Soit $f_n : [0, 1] \to \mathbf{R}$ la suite de fonctions définies par récurrence comme suit. On pose $f_0(t) = t$ pour $0 \leq t \leq 1$ et f_n, $n \geq 1$, est la fonction continue, affine sur chacun des intervalles $[k \times 3^{-n}, (k+1)3^{-n}]$, $0 \leq k \leq 3^n - 1$, telle que pour $0 \leq k \leq 3^{n-1} - 1$

$$f_n(k \times 3^{-n+1}) = f_{n-1}(k \times 3^{-n+1}),$$

$$f_n(k \times 3^{-n+1} + 3^{-n}) = f_{n-1}(k \times 3^{-n+1} + 2 \times 3^{-n}),$$

$$f_n(k \times 3^{-n+1} + 2 \times 3^{-n}) = f_{n-1}(k \times 3^{-n+1} + 3^{-n}),$$

$$f_n\big((k+1)3^{-n+1}\big) = f_{n-1}\big((k+1)3^{-n+1}\big).$$

Montrer que la suite (f_n) converge uniformément vers une fonction continue qui n'est dérivable en aucun point de $[0, 1]$.

Note Le théorème de Baire permet en fait de démontrer que l'ensemble des fonctions continues de $[0, 1]$ dans **R** nulle part dérivables est partout dense dans l'ensemble de toutes les fonctions continues muni de la topologie de la convergence uniforme [W1, exercice 2.33.15].

EXERCICE A12

On considère l'espace de Banach $l^1 = l^1(\mathbf{N}; \mathbf{R})$ [W1, paragraphe 3.24], montrer que la norme $\| \bullet \|_1 : l^1 \to \mathbf{R}$ n'est différentiable en aucun point de l^1 [raisonner par l'absurde, on rappelle [W1, théorème 3.24.5] que toute forme linéaire continue sur l^1 est de la forme $x = (x_n) \mapsto \sum_{n=0}^{\infty} x_n \xi_n$ où $\xi = (\xi_n) \in l^\infty$].

EXERCICE A13

On considère l'espace de Banach $l^\infty = l^\infty(\mathbf{N}; \mathbf{R})$ muni de la norme $\|x\|_\infty = \sup_n |x_n|$. Montrer que l'application $\| \bullet \|_\infty : l^\infty \to \mathbf{R}$ est différentiable en un point $x \in l^\infty$ si, et seulement si, il existe un entier n_0 tel que $\sup_{n \neq n_0} |x_n| < \|x\|_\infty$ [on pourra raisonner par l'absurde : si la norme est différentiable au point x et de dérivée $T \in (l^\infty)'$, on a pour tout $h \in l^\infty$,

$$Th = \lim_{t \to 0,\, t \neq 0} \big(\|x + t\,h\|_\infty - \|x\|_\infty\big)/t.$$

Lorsqu'il existe n_0 tel que $\|x\|_\infty = |x_{n_0}|$, vérifier d'abord que $Th = \pm h_{n_0}$ suivant le signe de x_{n_0} ; lorsque $|x_n| < \|x\|_\infty$ pour tout n, vérifier que $Th = 0$ dès que $h_n = 0$ sauf pour un ensemble fini d'entiers n ; écrire ensuite la définition de la différentiabilité pour conclure dans chaque cas].

EXERCICE A14

On considère l'espace de Banach $E = \mathcal{C}(I;\mathbf{R})$, $I = [0,1]$, pour la norme de la topologie de la convergence uniforme $\|f\|_\infty = \sup_{x\in I}|f(x)|$. Montrer que la norme $\|\bullet\|_\infty : E \to \mathbf{R}$ n'est différentiable en aucun point de E [on suppose la norme différentiable en un point $f \neq 0$ et de dérivée $T \in E'$; si x_0 est tel que $\|f\|_\infty = |f(x_0)|$, montrer que nécessairement $Th = h(x_0)$, $h \in E$, et obtenir une contradiction en revenant à la définition de la différentiabilité].

EXERCICE A15 (fonction convexe)

1. Soit $f : [a,b] \to \mathbf{R}$ une fonction convexe, montrer que f est dérivable à droite et à gauche dans $]a,b[$, que la fonction $f'_d :]a,b[\to \mathbf{R}$ est croissante et continue à droite, que la fonction $f'_g :]a,b[\to \mathbf{R}$ est croissante et continue à gauche. En utilisant l'exercice A4, montrer que f est dérivable sauf au plus en une infinité dénombrable de points.

2. Soit $f : [a,b] \to \mathbf{R}$ une fonction continue, dérivable à droite dans $]a,b[$, si la fonction $f'_d :]a,b[\to \mathbf{R}$ est croissante, montrer que f est convexe [utiliser le corollaire 1.3.4 de [W2]].

3. Soient F un espace normé et $f : [a,b] \to F$ une fonction dérivable à droite au point a. Montrer que la fonction $\|f\| : x \mapsto \|f(x)\|$ est dérivable à droite au point a et que $|(\|f\|)'_d(a)| \leq \|f'_d(a)\|$ [on pourra utiliser le fait que la fonction définie sur $\mathbf{R}$ $\varphi(t) = \|f(a) + tf'_d(a)\|$ est convexe].

CORRIGÉ DES EXERCICES DE NIVEAU MOYEN

EXERCICE A11

La définition de f_n à partir de f_{n-1} peut s'interpréter de la façon suivante. Soit $I = [a, a + 3^{-n+1}]$, $a = k \times 3^{-n+1}$, l'un des intervalles sur lequel la fonction f_{n-1} est affine ; on divise cet intervalle en trois intervalles égaux, soit

$$I_1 = [a, a+3^{-n}],\ I_2 = [a+3^{-n}, a+2\times 3^{-n}] \text{ et } I_3 = [a+2\times 3^{-n}, a+3^{-n+1}].$$

Sur chacun de ces intervalles, la fonction f_n est affine ; f_n et f_{n-1} coïncident aux extrémités de I, sur I_1 et I_3 la pente de f_n est double de celle de f_{n-1} et sur I_2 opposée à celle de f_{n-1}.

1. La définition de la suite (f_n) montre que pour $0 \leq k \leq 3^n - 1$

$$\sup_{k\times 3^{-n}\leq t\leq (k+1)3^{-n}} |f_{n+1}(t) - f_n(t)| = (1/3)\left|f_n\big((k+1)3^{-n}\big) - f_n(k\times 3^{-n})\right|$$

et, si l désigne l'unique entier tel que $3l \leq k \leq 3l+2$,

$$\left|f_n\big((k+1)3^{-n}\big)-f_n(k\times 3^{-n})\right| \leq (2/3)\left|f_{n-1}\big((l+1)3^{-n+1}\big)-f_{n-1}(l\times 3^{-n+1})\right|.$$

Il en résulte que

$$\sup_{0\leq t\leq 1} |f_{n+1}(t)-f_n(t)| \leq \frac{1}{3}\left(\frac{2}{3}\right)^n$$

et ceci montre que la suite (f_n) converge uniformément vers une fonction continue f.

Si x est un point de la forme $k\times 3^{-n}$, $0\leq k\leq 3^{-n}$, on observera que $f(x)=f_p(x)$ pour tout $p\geq n$.

2. Montrons que f n'est dérivable en aucun point de $[0,1]$. Considérons d'abord un point $a\in[0,1]$ qui n'est pas de la forme $k\times 3^{-n}$; notons $k(n)$ l'unique entier tel que $k(n)\times 3^{-n}<a<(k(n)+1)3^{-n}$ et posons

$$p_n = \frac{f\big((k(n)+1)3^{-n}\big)-f(k(n)\times 3^{-n})}{3^{-n}}.$$

D'après les remarques initiales, on a $p_n = 2p_{n-1}$ ou $p_n=-p_{n-1}$; il en résulte que la suite (p_n) ne converge pas : en effet, si la suite (p_n) admettait une limite l, cette limite serait non nulle car la suite $(|p_n|)$ est croissante et $|p_n|\geq|p_0|=1$; il en résulte que $p_n=-p_{n-1}$ dès que n est suffisamment grand, d'où $l=-l$ et $l=0$, ce qui est contradictoire. Vu l'exercice A1, ceci montre que f n'est pas dérivable au point a.

Lorsque a est de la forme $k\times 3^{-n_0}$ où $0\leq k<3^{-n_0}$, on pose pour $n\geq n_0$

$$p_n = \frac{f(k\times 3^{-n_0}+3^{-n})-f(k\times 3^{-n_0})}{3^{-n}}.$$

On a alors $p_{n+1}=2p_n$ pour $n\geq n_0$; cette suite (p_n) ne peut donc converger et la fonction f n'est donc pas dérivable à droite au point a. Lorsque $a=1$, un raisonnement analogue montre que f n'est pas dérivable à gauche en ce point.

EXERCICE A12

Raisonnons par l'absurde, supposons l'application $\|\bullet\|_1$ différentiable en un point $x=(x_n)\in l^1$: il existe alors $\xi=(\xi_n)\in l^\infty$ tel que, pour $h=(h_n)\in l^1$,

$$\text{(A.1)} \qquad \sum_{n=0}^{\infty} |x_n + h_n| - \sum_{n=0}^{\infty} |x_n| - \sum_{n=0}^{\infty} h_n \xi_n = o(h).$$

En prenant h de la forme $h_n = h \in \mathbf{R}$ et $h_p = 0$ pour $p \neq n$, on obtient

$$|x_n + h| - |x_n| - h\,\xi_n = o(h),$$

ce qui signifie que l'application $x \mapsto |x|$ de $\mathbf{R}$ dans $\mathbf{R}$ est dérivable au point x_n et de dérivée ξ_n. Il en résulte que nécessairement $x_n \neq 0$ et que $\xi_n = +1$ si $x_n > 0$, $\xi_n = -1$ si $x_n < 0$. Soit $0 < \varepsilon < 1$, d'après (A.1) il existe $\delta > 0$ tel que

$$\left|\sum_{n=0}^{\infty}\big(|x_n + h_n| - |x_n| - h_n\,\xi_n\big)\right| \leq \varepsilon\,\|h\|_1 \text{ si } \|h\|_1 \leq \delta.$$

La suite (x_n) convergeant vers 0, choisissons un entier n_0 tel que $|x_{n_0}| \leq \delta/2$ et prenons $h_{n_0} = -\xi_{n_0}\,\delta$ et $h_n = 0$ pour $n \neq n_0$; on obtient alors $\big||x_{n_0} - \xi_{n_0}\,\delta| - |x_{n_0}| + \delta\big| \leq \varepsilon\,\delta$, c'est-à-dire $2\,\big(\delta - |x_{n_0}|\big) \leq \varepsilon\,\delta$, d'où $\delta \leq \varepsilon\,\delta$ et par conséquent $\varepsilon \geq 1$, ce qui est absurde vu le choix de ε. L'application $\|\bullet\|_1$ ne peut donc être différentiable.

EXERCICE A13

Si la norme $\|\bullet\|_\infty$ est différentiable en un point x, qu'on peut supposer $\neq 0$ d'après l'exercice A2, et de dérivée $T \in (l^\infty)'$, on a pour tout $h \in l^\infty$

$$Th = \lim_{t \to 0,\, t \neq 0} \frac{\|x + t\,h\|_\infty - \|x\|_\infty}{t}.$$

1. Supposons d'abord qu'il existe un entier n_0 tel que $\|x\|_\infty = |x_{n_0}|$ et, pour fixer les idées, supposons $x_{n_0} > 0$.

1,a. Montrons alors que nécessairement $Th = h_{n_0}$. On a

$$\|x + t\,h\|_\infty \geq |x_{n_0} + t\,h_{n_0}|$$

Soit $t_0 > 0$ tel que $t_0|h_{n_0}| \leq x_{n_0}$, pour $|t| \leq t_0$ on a alors

$$|x_{n_0} + t\,h_{n_0}| = x_{n_0} + t\,h_{n_0} = \|x\|_\infty + t\,h_{n_0},$$

d'où $\|x + t\,h\|_\infty - \|x\|_\infty \geq t\,h_{n_0}$ et par conséquent $Th = h_{n_0}$.

1,b. Si $\sup_{n\neq n_0}|x_n| < x_{n_0}$, prenons $h \in l^\infty$ tel que

$$2\|h\|_\infty \leq x_{n_0} - \sup_{n\neq n_0}|x_n|\,;$$

on a alors $\|x+h\|_\infty = x_{n_0} + h_{n_0}$, d'où $\|x+h\|_\infty - \|x\|_\infty - h_{n_0} = 0$, ce qui prouve que la norme est différentiable en un tel point x et de dérivée $h \mapsto h_{n_0}$. Lorsque $x_{n_0} < 0$, la dérivée est $h \mapsto -h_{n_0}$.

1,c. Lorsque $\sup_{n\neq n_0}|x_n| = x_{n_0}$, montrons que la norme n'est pas différentiable en x. S'il existe $n_1 \neq n_0$ tel que $\|x\|_\infty = |x_{n_0}| = |x_{n_1}|$, on doit avoir d'après 1,a $Th = h_{n_0}$ et $Th = \pm h_{n_1}$, ce qui est absurde. On peut donc supposer $|x_n| < x_{n_0}$ pour tout $n \neq n_0$. Soit $0 < \varepsilon < 1$, il existe $\delta > 0$ tel que

$$\Big|\|x+h\|_\infty - \big(x_{n_0} + h_{n_0}\big)\Big| \leq \varepsilon\,\|h\|_\infty \text{ lorsque } \|h\|_\infty \leq \delta.$$

Choisissons un entier $n_1 \neq n_0$ tel que $x_{n_0} - |x_{n_1}| \leq \delta$ et prenons $h_{n_0} = -\delta$, $h_{n_1} = \pm\delta$ tel que $|x_{n_1} + h_{n_1}| = |x_{n_1}| + \delta$ et $h_n = 0$ lorsque n est différent de n_0 et n_1 ; on a alors $\|x+h\|_\infty = |x_{n_1}| + \delta$, d'où

$$\Big||x_{n_1}| + \delta - (x_{n_0} - \delta)\Big| \leq \varepsilon\,\delta,$$

soit

$$\delta \leq \Big||x_{n_1}| - x_{n_0} + 2\delta\Big| \leq \varepsilon\,\delta$$

et $\varepsilon \geq 1$, ce qui est absurde vu le choix de ε.

2. Lorsque $|x_n| < \|x\|_\infty$ pour tout n, prenons h tel que l'ensemble $\{n \in \mathrm{N}\,;\, h_n \neq 0\}$ soit fini ; alors, $\|x+th\|_\infty = \|x\|_\infty$ dès que t est suffisamment petit et par conséquent $Th = 0$ pour de tels h. Soit $0 < \varepsilon < 1/2$, il existe $\delta > 0$ tel que

$$\Big|\|x+h\|_\infty - \|x\|_\infty - Th\Big| \leq \varepsilon\,\|h\|_\infty \text{ lorsque } \|h\|_\infty \leq \delta.$$

Choisissons un entier n_0 tel que $\|x\|_\infty \leq |x_{n_0}| + \delta/2$ et prenons $h_n = 0$ pour $n \neq n_0$ et $h_{n_0} = \pm\delta$ tel que $\|x+h\|_\infty = |x_{n_0}| + \delta$; on obtient alors

$$\delta/2 \leq \Big||x_{n_0}| + \delta - \|x\|_\infty\Big| \leq \varepsilon\,\delta,$$

ce qui est absurde vu le choix de ε.

EXERCICE A14

On raisonne par l'absurde en supposant la norme différentiable en un point $f \neq 0$ et de dérivée $T \in E'$. Soit x_0 tel que $\|f\|_\infty = |f(x_0)|$. Quitte à changer f en $-f$, on peut supposer $f(x_0) > 0$.

1. On vérifie d'abord que, pour tout $h \in E$,

$$Th = \lim_{t \to 0,\, t \neq 0} \frac{\|f + t\,h\|_\infty - \|f\|_\infty}{t} = h(x_0).$$

Soit $t_0 > 0$ tel que $t_0\,|h(x_0)| \leq f(x_0)$; pour $|t| \leq t_0$, on a

$$\|f + th\|_\infty \geq |f(x_0) + t\,h(x_0)| = f(x_0) + t\,h(x_0) = \|f\|_\infty + t\,h(x_0),$$

d'où $\|f + th\|_\infty - \|f\|_\infty \geq t\,h(x_0)$, inégalité qui prouve le résultat annoncé.

2. D'après la différentiabilité, il existe donc, pour tout $\varepsilon > 0$, $\delta > 0$ tel que

$$\Big| \|f + h\|_\infty - \big(f(x_0) + h(x_0)\big) \Big| \leq \varepsilon\,\|h\|_\infty \text{ si } \|h\|_\infty \leq \delta.$$

Prenons $0 < \varepsilon < 1$, on peut trouver une fonction $h \in E$ telle que

$$\|h\|_\infty = \delta,\ h(x_0) = -\delta \text{ et } \|f + h\|_\infty \geq \|f\|_\infty.$$

On a alors $\|f + h\|_\infty - \big(f(x_0) + h(x_0)\big) \geq \delta$, d'où $\delta \leq \varepsilon\,\delta$ ce qui est en contradiction avec le choix de ε.

EXERCICE A15

1. Supposons $a < x < y < z < b$, alors d'après la convexité de f

$$f(y) \leq \frac{z-y}{z-x} f(x) + \frac{y-x}{z-x} f(z),$$

$$\frac{f(y) - f(x)}{y - x} \leq \frac{f(z) - f(x)}{z - x} \leq \frac{f(z) - f(y)}{z - y}.$$

Étant donné un point x_0 de $]a, b[$, on en déduit que pour $l < 0 < h < k$

$$\frac{f(x_0 + l) - f(x_0)}{l} \leq \frac{f(x_0 + h) - f(x_0)}{h} \leq \frac{f(x_0 + k) - f(x_0)}{k};$$

l'application $h \mapsto \big(f(x_0 + h) - f(x_0)\big)/h$, définie pour $h > 0$ suffisamment petit, est donc croissante et bornée inférieurement ; ceci montre l'existence de la dérivée à droite $f'_d(x_0)$.

De plus, si $x < y$, soit $h > 0$ et $k > 0$ tel que $x < x + h < y < y + k$, on a alors

$$f'_d(x) \leq \frac{f(x + h) - f(x)}{h} \leq \frac{f(y + k) - f(y)}{k},$$

d'où en faisant tendre k vers 0, $f'_d(x) \leq f'_d(y)$: la fonction f'_d est donc bien croissante.

Enfin, si $a < x < y < z < b$

$$f'_d(x) \leq f'_d(x+0) \leq f'_d(y) \leq \frac{f(z)-f(y)}{z-y},$$

d'où

$$f'_d(x+0) \leq \frac{f(z)-f(y)}{z-y}$$

et en faisant tendre y vers x, puis z vers x on en déduit, grâce à la continuité de f au point x [W1, exercice 3.8.2], $f'_d(x+0) \leq f'_d(x)$, c'est-à-dire la continuité à droite de la dérivée à droite f'_d.

L'existence et les propriétés de la dérivée à gauche s'obtiennent simplement en remplaçant f par l'application $x \mapsto f(-x)$.

L'ensemble des points de discontinuité d'une fonction monotone étant dénombrable [W1, exercice 2.20.7], l'exercice A4 montre qu'une fonction convexe est dérivable sauf au plus en une infinité dénombrable de points.

2. Soient $a \leq x < y < z \leq b$. La fonction $x \mapsto -f(x) - (y-x)f'_d(y)$ est continue sur l'intervalle $[a, y]$ et admet sur l'intervalle $]a, y[$ une dérivée à droite $-f'_d(x) + f'_d(y)$ positive ; cette fonction est donc croissante [W2, corollaire 1.3.4], d'où $-f(x) - (y-x)f'_d(y) \leq -f(y)$, c'est-à-dire

$$\frac{f(y)-f(x)}{y-x} \leq f'_d(y).$$

De même, on vérifie que la fonction $z \mapsto f(z) - (z-y)f'_d(y)$ est croissante sur $[y, b]$ et par conséquent $f(y) \leq f(z) - (z-y)f'_d(y)$, soit

$$f'_d(y) \leq \frac{f(z)-f(y)}{z-y}.$$

Ceci prouve que, pour $a \leq x < y < z \leq b$,

$$\frac{f(y)-f(x)}{y-x} \leq \frac{f(z)-f(y)}{z-y},$$

soit

$$f(y) \leq \frac{z-y}{z-x} f(x) + \frac{y-x}{z-x} f(z),$$

ce qui prouve que f est convexe.

3. Soit $\varepsilon > 0$, la fonction f étant dérivable à droite au point a, il existe $\delta > 0$ tel que

$$\|f(a+h) - f(a) - h\, f'_d(a)\| \leq \varepsilon\, h \text{ si } 0 \leq h \leq \delta,$$

d'où

(A.2) $$\Big| \|f(a+h)\| - \|f(a)+h\,f'_d(a)\| \Big| \leq \varepsilon\, h \text{ si } 0 \leq h \leq \delta.$$

La fonction convexe $\varphi(t) = \|f(a) + tf'_d(a)\|$ étant dérivable à droite en 0, on peut supposer en outre que

$$|\varphi(h) - \varphi(0) - h\,\varphi'_d(0)| \leq \varepsilon\, h \text{ si } 0 \leq h \leq \delta,$$

c'est-à-dire

(A.3) $$\Big| \|f(a)+h\,f'_d(a)\| - \|f(a)\| - h\,\varphi'_d(0) \Big| \leq \varepsilon\, h \text{ si } 0 \leq h \leq \delta.$$

De (A.2) et (A.3), on déduit

$$\Big| \|f(a+h)\| - \|f(a)\| - h\,\varphi'_d(0) \Big| \leq 2\varepsilon\, h \text{ si } 0 \leq h \leq \delta.$$

Ceci prouve que la fonction $\|f\|$ est dérivable à droite au point a et admet pour dérivée $\varphi'_d(0)$. Étant donné que

$$\Big| \|f(a+h)\| - \|f(a)\| \Big| \leq \|f(a+h) - f(a)\|,$$

en divisant par $h > 0$ et en faisant tendre h vers 0, on obtient l'inégalité annoncée.

PROBLÈMES

PROBLÈME A1

Soient E un espace préhilbertien réel et K une partie compacte non vide; pour tout $x \in E$, on pose $f(x) = d(x, K)$ et on note $pr_K x$ l'ensemble compact non vide des projections de x sur K.

On considère la fonction $g(x) = f(x)^2$ et, pour $a, x \in E$, on pose

$$\Lambda = 2 \inf_{y \in pr_K a} (x|a-y)\,;$$

on note $y_0 \in pr_K a$ un point tel que $\Lambda = 2(x|a-y_0)$.

1. Montrer que, pour tout $t \in \mathbf{R}$ et tout $z \in pr_K(a+tx)$

$$2t(x|y_0 - z) + t^2\,\|x\|^2 \leq g(a+tx) - g(a) - t\Lambda \leq t^2\,\|x\|^2.$$

2. Montrer que, pour tout $\varepsilon > 0$, il existe $\delta > 0$ tel que, si $0 < t \leq \delta$, $z \in K$ et $\|a+tx-z\| \leq \|a+tx-y_0\|$, alors $(x|y_0 - z) \geq -\varepsilon$ [raisonner par l'absurde].

3. En déduire que la fonction $h : t \mapsto g(a+tx)$ est dérivable à droite et à gauche en 0 et déterminer $h'_d(0)$, $h'_g(0)$.

4. Montrer que la fonction g admet au point a une dérivée partielle suivant tout vecteur $x \in E$ si, et seulement si, le point a admet une unique projection sur K.

5. Montrer que la fonction g est différentiable au point a si, et seulement si, le point a admet une unique projection y_0 sur K [montrer que 2. subsiste sous la forme suivante : pour tout $\varepsilon > 0$, il existe $\delta > 0$ tel que, si $\|x\| \leq \delta$, $z \in K$ et $\|a + x - z\| \leq \|a + x - y_0\|$, alors $(x|y_0 - z) \geq -\varepsilon \|x\|$].

6. En déduire que la fonction f est différentiable en un point $a \in E - K$ si, et seulement si, a admet une unique projection sur K.

PROBLÈME A2

Soit $f : \mathbf{R} \to \mathbf{R}$ une fonction de classe C^∞ telle que, pour tout $x \in \mathbf{R}$, il existe un entier $n \geq 0$ tel que $D^n f(x) = 0$. Ce problème a pour objet de démontrer que f est alors un polynôme.

On pose $O = \{x \in \mathbf{R} ; f$ est un polynôme dans un voisinage de $x\}$, $F = \mathbf{R} - O$ et, pour tout entier $n \geq 0$, $F_n = \{x \in F ; D^n f(x) = 0\}$.

1. Montrer que O est un ouvert de $\mathbf{R}$ et que, sur toute composante connexe de O, f est un polynôme.

2. Montrer que les ensembles F_n sont fermés, d'intérieur vide et que F est un ensemble fermé, sans point isolé et d'intérieur vide [utiliser le théorème de Baire [W1, théorème 2.28.1]].

3. On se propose de vérifier que $F = \emptyset$; on raisonne par l'absurde : on suppose F non vide.

a. En utilisant le théorème de Baire, montrer qu'il existe un entier n et un intervalle ouvert $]a, b[$ tel que $\emptyset \neq]a, b[\cap F \subset F_n$.

b. Montrer que $]a, b[\cap F \subset F_{n+k}$ pour tout entier $k \geq 0$.

c. Soit $]\alpha, \beta[$ une composante connexe de l'ouvert non vide $]a, b[\cap O$, il existe un polynôme $P \in \mathbf{R}[x]$ tel que $f = P$ sur $]\alpha, \beta[$; montrer que le degré de P est $< n$ [noter que l'un des points α, β appartient à F].

d. En déduire que f est un polynôme sur $]a, b[$ et une contradiction.

4. Conclure.

CORRIGÉ DES PROBLÈMES

PROBLÈME A1

On remarquera d'abord que l'ensemble

$$pr_K x = \{y \in K\,;\ \|x - y\| = d(x, K)\}$$

est une partie fermée, donc compacte, de K. On notera ensuite que la fonction continue $y \mapsto 2(x|a - y)$ est bornée sur le compact $pr_K a$ et atteint ses bornes.

1. On a

$$\|a + tx - y_0\|^2 = \|a - y_0\|^2 + 2t(x|a - y_0) + t^2\|x\|^2,$$

d'où

$$g(a + tx) \leq g(a) + t\Lambda + t^2\|x\|^2.$$

Pour tout $z \in pr_K(a + tx)$, on a

$$g(a + tx) = \|a + tx - z\|^2 = \|a - z\|^2 + 2t(x|a - z) + t^2\|x\|^2,$$

d'où

$$g(a + tx) \geq g(a) + t\Lambda + 2t(x|y_0 - z) + t^2\|x\|^2$$

et ceci prouve les inégalités voulues.

2. On raisonne par l'absurde. On suppose qu'il existe $\varepsilon > 0$, une suite $t_n > 0$ convergeant vers 0, une suite $z_n \in K$ tels que

$$\|a + t_n x - z_n\| \leq \|a + t_n x - y_0\| \text{ et } (x|y_0 - z_n) < -\varepsilon.$$

On peut supposer, K étant compact, que la suite (z_n) converge vers $z \in K$; en passant à la limite on obtient

$$\|a - z\| \leq \|a - y_0\| \text{ et } (x|y_0 - z) \leq -\varepsilon.$$

D'après la première inégalité, on a nécessairement $\|a - z\| = \|a - y_0\|$, d'où $z \in pr_K a$ et $(x|a - y_0) \leq (x|a - z)$ d'après le choix de y_0, soit $(x|y_0 - z) \geq 0$, ce qui contredit la seconde inégalité.

3. En choisissant $z \in pr_K(a + tx)$, on en déduit que, pour $0 < t \leq \delta$,

$$-2t\varepsilon + t^2\|x\|^2 \leq g(a + tx) - g(a) - t\Lambda \leq t^2\|x\|^2$$

et, par conséquent, la fonction $h : t \mapsto g(a + tx)$ est dérivable à droite en 0 et

$$h'_d(0) = \Lambda = 2 \inf_{y \in pr_K a} (x|a - y).$$

En changeant x en $-x$, on en déduit que h est dérivable à gauche en 0 et que

$$h'_g(0) = 2 \sup_{y \in pr_K a} (x|a-y).$$

4. Ceci montre que g admet au point a une dérivée partielle suivant le vecteur x si $(x|a-y)$ ne dépend pas du choix du point $y \in pr_K a$, c'est-à-dire si $(x|y-y') = 0$ pour tout $y, y' \in pr_K a$. Cette condition est réalisée pour tout $x \in E$ si, et seulement si, le point a n'admet qu'une projection sur K comme on le voit en prenant $x = y - y'$. On a alors $D_x g(a) = 2(x|a-y_0)$ où y_0 désigne la projection de a sur K.

5. La condition est nécessaire d'après 4. Réciproquement, supposons que a admette une unique projection sur K notée y_0. D'après 1., on a

$$2(x|y_0 - z) + \|x\|^2 \leq g(a+x) - g(a) - 2(x|a-y_0) \leq \|x\|^2$$

pour tout $z \in pr_K(a+x)$.

Soit $\varepsilon > 0$, il existe $\delta > 0$ tel que

$$\big(\|x\| \leq \delta, z \in K \text{ et } \|a+x-z\| \leq \|a+x-y_0\|\big) \Longrightarrow (x|y_0 - z) \geq -\varepsilon\|x\|.$$

Sinon, il existe une suite (x_n) de E convergeant vers 0, une suite (z_n) de K convergeant vers z telles que

$$\|a + x_n - z_n\| \leq \|a + x_n - y_0\| \text{ et } (x_n|y_0 - z_n) < -\varepsilon\|x_n\|.$$

En passant à la limite dans la première inégalité, on obtient $\|a-z\| \leq \|a-y_0\|$, d'où $z = y_0$. La seconde inégalité implique $x_n \neq 0$ et, en posant $x'_n = x_n/\|x_n\|$, on a $(x'_n|y_0 - z_n) < -\varepsilon$ où $\|x'_n\| = 1$; à la limite on obtient $0 \leq -\varepsilon$, d'où une contradiction.

Ceci montre que

$$g(a+x) = g(a) + 2(x|a-y_0) + o(x)\,;$$

g est donc différentiable au point a et $Dg(a).x = 2(x|a-y_0)$.

6. Lorsque $a \in E - K$, $f(a)$ est non nul et la différentiabilité de f équivaut à celle de g, ce qui conduit au résultat voulu.

PROBLÈME A2

1. D'après sa définition, l'ensemble O est ouvert et sur cet ouvert f est analytique ; d'après le principe du prolongement analytique, sur chaque composante connexe de O, f est un polynôme.

2. Les ensembles F_n sont fermés d'après la continuité des applications $D^n f$ et F_n ne peut contenir un intervalle ouvert non vide car sur un tel intervalle f serait un polynôme (de degré $< n$), alors que $F_n \cap O = \emptyset$.

L'ensemble F est fermé d'après 1. Vérifions qu'aucun de ses points n'est isolé en raisonnant par l'absurde. Supposons qu'il existe $a \in F$ et $\varepsilon > 0$ tel que $]a-\varepsilon, a+\varepsilon[-\{a\} \subset O$; il existe des polynômes $P, Q \in \mathbf{R}[x]$ tels que $f = P$ sur $]a-\varepsilon, a[$ et $f = Q$ sur $]a, a+\varepsilon[$; on en déduit qu'il existe un entier n tel que $D^n f = 0$ sur $]a-\varepsilon, a+\varepsilon[-\{a\}$, donc sur $]a-\varepsilon, a+\varepsilon[$ par continuité et il en résulte que f est un polynôme sur $]a-\varepsilon, a+\varepsilon[$, donc $a \in O$, ce qui est absurde.

Étant donné que $F = \cup_{n=0}^{\infty} F_n$, F est maigre et, $\mathbf{R}$ étant un espace de Baire, F est d'intérieur vide.

3,a. L'espace F étant un espace de Baire non vide, il ne peut être maigre dans lui-même et par conséquent l'un des F_n est d'intérieur non vide dans F : ceci signifie qu'il existe un intervalle ouvert $]a, b[$ tel que $\emptyset \neq]a, b[\cap F \subset F_n$.

3,b. Vérifions qu'on a alors $]a, b[\cap F \subset F_{n+1}$. Soit $x \in]a, b[\cap F$, F étant sans point isolé, il existe une suite $x_j \in]a, b[\cap F$, $x_j \neq x$, qui converge vers x, d'où

$$D^{n+1} f(x) = \lim_{j \to \infty} \frac{D^n f(x_j) - D^n f(x)}{x_j - x} = 0.$$

Ceci prouve que $]a, b[\cap F \subset F_{n+1}$ et, par récurrence, on a donc $]a, b[\cap F \subset F_{n+k}$ pour tout entier $k \geq 0$.

3,c. L'ouvert $]a, b[\cap O$ est non vide vu que O est partout dense d'après 2. Soit $]\alpha, \beta[$ une composante connexe de cet ouvert, l'inclusion $]\alpha, \beta[\subset]a, b[$ est stricte car $]a, b[\cap F$ est non vide ; il en résulte que l'un des points α, β appartient à $]a, b[$ et ce point appartient donc à F, $]\alpha, \beta[$ étant une composante connexe de $]a, b[\cap O$. On peut supposer par exemple $\alpha \in F$. Il existe un polynôme P tel que $f = P$ sur $]\alpha, \beta[$, d'où $D^j f = D^j P$ sur $]\alpha, \beta[$ et, par continuité, $D^j P(\alpha) = D^j f(\alpha) = 0$ pour $j \geq n$ d'après 3,b. Ceci montre que le degré de P est $< n$.

3,d. Il en résulte que $D^n f = 0$ sur $]a, b[\cap O$, donc sur $]a, b[$. Ceci montre que f est un polynôme sur cet intervalle, ce qui contredit le fait que $]a, b[\cap F$ est non vide et par conséquent $F = \emptyset$.

4. On a donc $O = \mathbf{R}$ et f est un polynôme d'après 1.

CHAPITRE B

Dérivées d'ordre supérieur

EXERCICES DE NIVEAU ÉLÉMENTAIRE

EXERCICE B1

Soit E un espace préhilbertien réel, montrer que l'application $\varphi : x \in E \mapsto \|x\|^2 \in \mathbf{R}$ est de classe $\mathcal{C}^\infty$ et calculer ses dérivées.

EXERCICE B2

On considère la situation du théorème des fonctions composées. Soient E, F, G des espaces normés, Ω et Ω' des ouverts de E et F, $f : \Omega \to F$, $g : \Omega' \to G$ des applications telles que $f(\Omega) \subset \Omega'$; soit $a \in \Omega$, on suppose f et g 2-fois différentiables aux points a et $b = f(a)$ respectivement, montrer que, pour tout $h, k \in E$,

$$D^2(g \circ f)(a).(h,k) = D^2 g(b).\big(Df(a).h, Df(a).k\big) + Dg(b).\big(D^2 f(a).(h,k)\big).$$

EXERCICE B3

Montrer que toute application multilinéaire continue est de classe $\mathcal{C}^\infty$.

EXERCICE B4

Soit $f : \Omega \subset E \to F$ une fonction de classe $\mathcal{C}^k$.

1. Soit $a \in \Omega$, montrer que, pour tout $\varepsilon > 0$, il existe $\delta > 0$ tel que

$$\text{(B.1)} \qquad \left\| f(x) - \sum_{j=0}^{k} D^j f(y).\frac{(x-y)^j}{j!} \right\| \leq \varepsilon \, \|x - y\|^k$$

lorsque $x, y \in \Omega$, $\|x - a\| \leq \delta$ et $\|y - a\| \leq \delta$.

2. En déduire que, pour tout compact $K \subset \Omega$ et tout $\varepsilon > 0$, il existe $\delta > 0$ tel que l'inégalité (B.1) soit vérifiée dès que $x, y \in K$ et $\|x - y\| \leq \delta$.

EXERCICE B5 (formule de polarisation)

Soient E, F des espaces vectoriels, $f : E^k \to F$ une application multilinéaire symétrique, montrer que

$$f(x_1, \ldots, x_k) = \frac{1}{k!\, 2^k} \sum_{\varepsilon \in \{-1,1\}^k} \varepsilon_1 \times \ldots \times \varepsilon_k \; f.(\varepsilon_1 x_1 + \ldots + \varepsilon_k x_k)^k$$

pour tout $(x_1, \ldots, x_k) \in E^k$. En déduire que toute application multilinéaire symétrique est déterminée par ses valeurs sur la diagonale de E^k.

EXERCICE B6

Soit $f : \Omega \subset E \to F$ une application k-fois différentiable en un point $a \in \Omega$, on suppose qu'il existe $f_0 \in F$ et, pour $1 \leq j \leq k$, des applications $f_j \in \mathcal{L}_j(E^j; F)$ telles que

$$f(a+h) - \sum_{j=0}^{k} f_j.\frac{h^j}{j!} = o(\|h\|^k).$$

Montrer qu'on a alors $D^j f(a).h^j = f_j.h^j$, $0 \leq j \leq k$, pour tout $h \in E$. Lorsque les applications f_j sont symétriques, en déduire que $D^j f(a) = f_j(a)$ [utiliser l'exercice B5].

EXERCICE B7

Soient F un espace normé et $f : I \to F$, $I = [a, b]$, une fonction de classe $\mathcal{C}^2$. On pose $M_k = \sup_{x \in I} \|D^k f(x)\|$, $0 \leq k \leq 2$, et $2l = b - a$.

1. Soient $x_0 \in I$ et $\lambda > 0$ tels que l'intervalle $J = [x_0 - \lambda, x_0 + \lambda]$ soit contenu dans I, montrer alors que

$$\|Df(x)\| \leq \frac{M_0}{\lambda} + \lambda\, M_2 \text{ pour tout } x \in J$$

et en déduire que

$$M_1 \leq \frac{M_0}{\lambda} + \lambda M_2 \text{ pour tout } \lambda \in]0, l].$$

2. Si $l \geq (M_0/M_2)^{1/2}$, montrer que $M_1 \leq 2(M_0 M_2)^{1/2}$ et cette inégalité ne peut pas en général être améliorée [utiliser la fonction $x \mapsto x^2 - 1/2$].

CORRIGÉ DES EXERCICES DE NIVEAU ÉLÉMENTAIRE

EXERCICE B1

On a $\varphi(x+h) - \varphi(x) = \|x+h\|^2 - \|x\|^2 = 2(h|x) + \|h\|^2$ ce qui montre que φ est dérivable au point x et que $D\varphi(x).h = 2(h|x)$, soit $D\varphi(x) = 2(\bullet|x) \in E'$. L'application $x \mapsto D\varphi(x)$ de E dans E' est linéaire continue, donc $\mathcal{C}^\infty$; de plus $D^2\varphi(x).(h,k) = 2(h|k)$ et $D^j\varphi = 0$ pour $j \geq 3$.

EXERCICE B2

On pose $\Lambda = g \circ f$, d'où $D\Lambda(x) = Dg\big(f(x)\big) \circ Df(x)$; l'application $x \mapsto D\Lambda(x)$ est la composée des applications

$$\Phi : x \mapsto \big(Dg\big(f(x)\big), Df(x)\big) \in \mathcal{L}(F;G) \times \mathcal{L}(E;F)$$

et

$$\Psi : (u,v) \in \mathcal{L}(F;G) \times \mathcal{L}(E;F) \mapsto u \circ v \in \mathcal{L}(E;G).$$

On a $D\Lambda(x) = (\Psi \circ \Phi)(x)$, d'où $D^2\Lambda(a) = D\Psi\big(\Phi(a)\big) \circ D\Phi(a)$ où $\Phi(a) = \big(Dg(b), Df(a)\big)$ et

$$D\Phi(a).h = \big(D^2g(b).\big(Df(a).h\big), D^2f(a).h\big).$$

L'application Ψ étant bilinéaire continue, la formule (1.4.1) de [W2] montre que

$$\begin{aligned} D^2\Lambda(a).h &= \Psi\big(D^2g(b).\big(Df(a).h\big), Df(a)\big) + \Psi\big(Dg(b), D^2f(a).h\big) \\ &= \big(D^2g(b).\big(Df(a).h\big)\big) \circ Df(a) + Dg(b) \circ \big(D^2f(a).h\big) \end{aligned}$$

soit

$$\big(D^2\Lambda(a).h\big).k = \big(D^2g(b).\big(Df(a).h\big)\big).\big(Df(a).k\big) + Dg(b).\big(\big(D^2f(a).h\big).k\big),$$

ce qui prouve la formule voulue.

EXERCICE B3

Soit $f \in \mathcal{L}(E_1, \ldots, E_l; F)$ une application multilinéaire continue ; on sait [W2, corollaire 1.4.2] que f est de classe $\mathcal{C}^1$ et que ses dérivées partielles premières sont données par la formule

$$D_i f(a) = f(a_1, \ldots, a_{i-1}, \bullet, a_{i+1}, \ldots, a_l).$$

Pour démontrer que f est de classe $\mathcal{C}^\infty$, on raisonne alors par récurrence sur l ; on notera que le résultat est acquis pour $l = 1$, toute application linéaire continue étant de classe $\mathcal{C}^\infty$. On observe ensuite que la dérivée partielle $D_i f(a)$ est indépendante de a_i ; autrement dit, l'application $a \mapsto D_i f(a)$ peut s'écrire comme la composée de l'application $a \mapsto (a_1, \ldots, a_{i-1}, a_{i+1}, \ldots, a_l)$ qui est linéaire continue, donc de classe $\mathcal{C}^\infty$, et de l'application $(a_1, \ldots, a_{i-1}, a_{i+1}, \ldots, a_l) \mapsto D_i f(a)$ qui est une application multilinéaire continue de $\prod_{\substack{j=1 \\ j \neq i}}^{l} E_j$ dans $\mathcal{L}(E_i; F)$, donc de classe $\mathcal{C}^\infty$ d'après l'hypothèse de récurrence. L'application f admet des dérivées partielles premières de classe $\mathcal{C}^\infty$: elle est donc de classe $\mathcal{C}^\infty$.

EXERCICE B4

On pose $F(x, y) = f(x) - \sum_{j=0}^{k} D^j f(y).\big((x - y)^j / j!\big)$ pour $x, y \in \Omega$.

1. Lorsque $k = 0$, l'inégalité s'écrit $\|f(x) - f(y)\| \leq \varepsilon$ et, vu que $\|f(x) - f(y)\| \leq \|f(x) - f(a)\| + \|f(y) - f(a)\|$, la continuité de f permet de conclure. On raisonne alors par récurrence sur k. On suppose la propriété démontrée pour les fonctions de classe $\mathcal{C}^{k-1}$ et on considère la fonction $G : x \mapsto F(x, y)$, $y \in \Omega$ étant fixé ; cette fonction $G : \Omega \to F$ est de classe $\mathcal{C}^k$ et

$$DG(x) = Df(x) - \sum_{j=1}^{k} D^j f(y).\frac{(x - y)^{j-1}}{(j - 1)!}.$$

D'après l'hypothèse de récurrence, pour $\varepsilon > 0$ il existe $\delta > 0$ tel que $B'(a; \delta) \subset \Omega$ et

$$\|DG(x)\| \leq \varepsilon \, \|x - y\|^{k-1} \text{ pour } \|x - a\| \leq \delta, \ \|y - a\| \leq \delta,$$

et, d'après le théorème des accroissements finis, on en déduit que

$$\|G(x)\| = \|G(x) - G(y)\| \leq \|x - y\| \times \sup_{\xi \in [x,y]} \|DG(\xi)\|$$

et, pour $\xi \in [x, y]$,

$$\|DG(\xi)\| \leq \varepsilon \|\xi - y\|^{k-1} \leq \varepsilon \|x - y\|^{k-1},$$

ce qui permet de conclure.

2. On raisonne par l'absurde. Il existe alors $\varepsilon > 0$ et des suites (x_n) et (y_n) de K telles que $\|x_n - y_n\| \leq 1/n$, $n \geq 1$, et

$$\|F(x_n, y_n)\| > \varepsilon \|x_n - y_n\|^k.$$

D'après la compacité de K, il existe des sous-suites convergentes (x_{n_l}) et (y_{n_l}) ; l'inégalité $\|x_{n_l} - y_{n_l}\| \leq 1/n_l$ montre que ces sous-suites convergent vers la même limite a. Dès que l est suffisamment grand, l'inégalité $\|F(x_{n_l}, y_{n_l})\| > \varepsilon \|x_{n_l} - y_{n_l}\|^k$ contredit alors (B.1), d'où le résultat voulu.

EXERCICE B5

En utilisant le caractère multilinéaire, on a d'abord

$$f.(\varepsilon_1 x_1 + \ldots + \varepsilon_k x_k)^k = \sum_{i_1=1}^{k} \cdots \sum_{i_k=1}^{k} \varepsilon_{i_1} \times \ldots \times \varepsilon_{i_k} f(x_{i_1}, \ldots, x_{i_k}).$$

On a d'autre part

$$\sum_{\varepsilon \in \{-1,1\}^k} \varepsilon_1 \times \ldots \times \varepsilon_k \times \varepsilon_{i_1} \times \ldots \times \varepsilon_{i_k} = \begin{cases} 2^k & si \quad \{i_1, \ldots, i_k\} = \{1, \ldots, k\} \\ 0 & si \quad \{i_1, \ldots, i_k\} \neq \{1, \ldots, k\}. \end{cases}$$

En effet, on a

$$\varepsilon_1 \times \ldots \times \varepsilon_k \times \varepsilon_{i_1} \times \ldots \times \varepsilon_{i_k} = 1 \text{ si } \{i_1, \ldots, i_k\} = \{1, \ldots, k\}$$

et l'ensemble $\{-1, 1\}^k$ a exactement 2^k éléments.

Lorsque $\{i_1, \ldots, i_k\} \neq \{1, \ldots, k\}$, on a par exemple $i_j \neq k$ pour tout j et la somme précédente s'écrit

$$\sum_{\varepsilon \in \{-1,1\}^{k-1}} \left(\varepsilon_1 \times \ldots \times \varepsilon_{k-1} \times \varepsilon_{i_1} \times \ldots \times \varepsilon_{i_k} - \varepsilon_1 \times \ldots \times \varepsilon_{k-1} \times \varepsilon_{i_1} \times \ldots \times \varepsilon_{i_k}\right) = 0.$$

Il en résulte que

$$\sum_{\varepsilon \in \{-1,1\}^k} \varepsilon_1 \times \ldots \times \varepsilon_k \, f.(\varepsilon_1 x_1 + \ldots + \varepsilon_k x_k)^k = 2^k \sum_i f(x_{i_1}, \ldots, x_{i_k})$$

où la somme porte sur l'ensemble des $i = (i_1, \ldots, i_k) \in [1,k]^k$ tels que $\{i_1, \ldots, i_k\} = \{1, \ldots, k\}$, ensemble ayant $k!$ éléments et ceci permet de conclure vu la symétrie de f.

On en déduit évidemment qu'une forme multilinéaire symétrique $f : E^k \to F$ nulle sur la diagonale de E^k est identiquement nulle.

EXERCICE B6

D'après la formule de Taylor, il s'agit de démontrer que

$$\sum_{j=0}^{k} f_j.(h^j/j!) = o(\|h\|^k) \Longrightarrow \big(f_j.h^j = 0 \text{ pour } 0 \leq j \leq k\big)$$

En faisant tendre h vers 0, on constate d'abord que $f_0 = 0$. Supposons avoir démontré que $f_0 = f_1.h = \ldots = f_i.h^i = 0$ avec $0 \leq i < k$; on a alors $\sum_{j=i+1}^{k} f_j.(h^j/j!) = o(\|h\|^k)$; remplaçons h par th, puis divisons par t^{i+1}, on obtient

$$\sum_{j=i+1}^{k} t^{j-(i+1)} f_j.\frac{h^j}{j!} = o(t^{k-(i+1)}),$$

d'où $f_{i+1}.h^{i+1} = 0$ en faisant tendre t vers 0. Ceci prouve le résultat voulu.

Lorsque les applications f_j sont symétriques, l'exercice B5 montre que $D^j f(a) = f_j$.

EXERCICE B7

1. Soit $x \in J$, la formule de Taylor permet d'écrire

$$f(x_0 \pm \lambda) = f(x) + Df(x)(x_0 \pm \lambda - x) + r_\pm(x)$$

où

$$\|r_\pm(x)\| \leq \frac{(x_0 \pm \lambda - x)^2}{2} M_2.$$

On en déduit $f(x_0 + \lambda) - f(x_0 - \lambda) = 2\lambda\, Df(x) + r_+(x) - r_-(x)$, d'où

$$\begin{aligned} 2\lambda\|Df(x)\| &\leq 2M_0 + \frac{M_2}{2}\left[(x_0 + \lambda - x)^2 + (x_0 - \lambda - x)^2\right] \\ &\leq 2M_0 + M_2\left[(x_0 - x)^2 + \lambda^2\right] \\ &\leq 2M_0 + 2\lambda^2 M_2, \end{aligned}$$

d'où le résultat voulu.

Soit $\lambda \in]0, l]$, alors pour tout $x \in I$, on peut trouver un x_0 tel que $x \in [x_0 - \lambda, x_0 + \lambda] \subset I$, d'où $M_1 \leq M_0/\lambda + \lambda M_2$.

2. Lorsque $l \geq (M_0/M_2)^{1/2}$, prenons $\lambda = (M_0/M_2)^{1/2}$, on obtient alors $M_1 \leq 2\,(M_0 M_2)^{1/2}$.

Montrons que cette inégalité peut être une égalité. Prenons $f(x) = x^2 - 1/2$ sur l'intervalle $I = [0, 1]$, alors $M_0 = 1/2$, $M_1 = M_2 = 2$, d'où $M_1 = 2\,(M_0 M_2)^{1/2}$.

EXERCICES DE NIVEAU MOYEN

EXERCICE B8

Soient E_1, E_2, E et F des espaces normés, $B : E_1 \times E_2 \to F$ une application bilinéaire et continue, $u : \Omega \to E_1$ et $v : \Omega \to E_2$ des applications définies sur un ouvert Ω de E, k-fois différentiables en un point $a \in \Omega$ et $w(x) = B\big(u(x), v(x)\big)$. Si J est un sous-ensemble de l'intervalle $[1, k]$ de $\mathbf{N}$, on pose $J' = [1, k] - J$, $l = \text{Card}\,(J)$, $l' = \text{Card}\,(J')$, $x_J = (x_i)_{i \in J} \in E^l$ et $x_{J'} = (x_i)_{i \in J'} \in E^{l'}$ si $x = (x_i)_{1 \leq i \leq k} \in E^k$; on pose enfin $B_J(a).x = B\big(D^l u(a).x_J, D^{l'} v(a).x_{J'}\big)$. Lorsque $J = \emptyset$, on convient que $B_J(a).x = B\big(u(a), D^k v(a).x\big)$ et on fait une convention analogue lorsque $J' = \emptyset$. Montrer alors que

$$\text{(B.2)} \qquad D^k w(a).x = \sum_J B_J(a).x \text{ pour tout } x \in E^k$$

où la sommation porte sur l'ensemble de toutes les parties de $[1, k]$.

EXERCICE B9

Soient Ω un ouvert convexe d'un espace normé E et $f : \Omega \to \mathbf{R}$ une application.

1. Si f est différentiable, montrer que f est convexe si, et seulement si,

$$\text{(B.3)} \qquad f(x) - f(y) \geq Df(y).(x - y) \text{ pour tout } x, y \in \Omega.$$

2. Si f est 2-fois différentiable, montrer que f est convexe si, et seulement si,

$$\text{(B.4)} \qquad D^2 f(x).h^2 \geq 0 \text{ pour tout } x \in \Omega \text{ et tout } h \in E.$$

EXERCICE B10

Les notations étant celles de l'exercice B2, on suppose f et g k-fois différentiables aux points a et $b = f(a)$ respectivement.

1. Montrer que, pour tout $x \in E$,

$$D^k(g\circ f)(a).x^k = \sum_{j=1}^{k} \sum_{i\in \mathbf{N}^{*j},\, |i|=k} \frac{k!}{i!\,j!} D^j g(b).\left(D^{i_1}f(a).x^{i_1}, \ldots, D^{i_j}f(a).x^{i_j}\right)$$

où $i = (i_1, \ldots, i_j) \in \mathbf{N}^{*j}$, $|i| = i_1 + \ldots + i_j$ [on pourra composer les développements de Taylor à l'ordre k des fonctions f et g, puis utiliser l'exercice B6].

2. Retrouver lorsque $k = 2$ le résultat de l'exercice B2.

3. Lorsque $E = F = \mathbf{K}$, déduire de 1. la formule

$$D^k(g\circ f)(a) = \sum_{\alpha} \frac{k!}{\alpha!} D^{|\alpha|}g(b) \times \frac{\left(Df(a)\right)^{\alpha_1} \times \ldots \times \left(D^k f(a)\right)^{\alpha_k}}{(1!)^{\alpha_1} \times \ldots \times (k!)^{\alpha_k}}$$

où la somme porte sur l'ensemble des $\alpha = (\alpha_1, \ldots, \alpha_k) \in \mathbf{N}^k$ vérifiant l'équation $\alpha_1 + 2\alpha_2 + \ldots + k\alpha_k = k$.

EXERCICE B11

Étant donné un ensemble I et un réel $1 < p < \infty$, on considère l'espace de Banach $l^p \equiv l^p(I;\mathbf{R})$ [W1, paragraphe 3.24].

1,a. Montrer qu'il existe une constante $c \geq 0$ telle que, pour tout $t \in \mathbf{R}$,

$$\left| |1+t|^p - |t|^p - pt|t|^{p-2} \right| \leq c\,(1+|t|)^{p-2}.$$

1,b. En déduire que, pour $0 < q \leq \min(p,2)$, il existe une constante $c > 0$ telle que, pour tout $a, b \in \mathbf{R}$,

$$\left| |a+b|^p - |a|^p - pa|a|^{p-2}b \right| \leq c\,|b|^q\left(|a|+|b|\right)^{p-q}.$$

2. Montrer que l'application $f : x \in l^p \mapsto \|x\|_p^p \in \mathbf{R}$ est différentiable et que

$$Df(x).h = p\sum_{i\in I} x_i|x_i|^{p-2}h_i$$

où $x = (x_i)_{i\in I} \in l^p$, $h = (h_i)_{i\in I} \in l^p$.

3. En déduire que l'application $\| \bullet \|_p$ est différentiable en tout point $x \neq 0$ et calculer sa dérivée.

CORRIGÉ DES EXERCICES DE NIVEAU MOYEN

EXERCICE B8

Lorsque $k = 1$ la formule (B.2) se réduit à la formule

$$Dw(a).x = B\big(Du(a).x, v(a)\big) + B\big(u(a), Dv(a).x\big).$$

On raisonne donc par récurrence sur k. Soit $x = (x_1, \ldots, x_{k+1}) \in E^{k+1}$, on pose $x' = (x_2, \ldots, x_{k+1}) \in E^k$; la fonction $\varphi : y \in \Omega \mapsto D^k w(y).x' \in F$ est différentiable au point a et

$$D\varphi(a).x_1 = \big(D(D^k w)(a).x_1\big).x' = D^{k+1}w(a).x.$$

D'autre part, J étant une partie de $[2, k+1]$, notons φ_J la fonction $y \in \Omega \mapsto B_J(y).x_J \in F$; on a

$$\begin{aligned} D\varphi_J(a).x_1 \quad &= \quad B\big(D^{l+1}u(a).(x_1, x_J), D^{l'}v(a).x_{J'}\big) \\ &\qquad + B\big(D^l u(a).x_J, D^{l'+1}v(a).(x_1, x_{J'})\big) \end{aligned}$$

où $J' = [2, k+1] - J$, d'où en considérant J comme une partie de $[1, k+1]$

$$D\varphi_J(a).x_1 = B_{\{1\}\cup J}(a).x + B_J(a).x.$$

Ceci prouve le résultat voulu car une partie de $[1, k+1]$, ou bien ne contient pas 1 et s'identifie à une partie de $[2, k+1]$, ou bien contient 1 et s'écrit $\{1\} \cup J$ où J est une partie de $[2, k+1]$.

EXERCICE B9

1. Si f est convexe, on a $f\big(tx + (1-t)y\big) \leq tf(x) + (1-t)f(y)$ pour $0 \leq t \leq 1$, d'où

$$f(x) - f(y) \geq \frac{f\big(tx + (1-t)y\big) - f(y)}{t} \quad \text{pour } 0 < t \leq 1,$$

d'où (B.3) en faisant tendre t vers 0.

Réciproquement, si (B.3) est vérifié, on a pour tout $x, y, z \in \Omega$

$$\begin{aligned} f(x) - f(z) \quad &\geq \quad Df(z).(x - z), \\ f(y) - f(z) \quad &\geq \quad Df(z).(y - z). \end{aligned}$$

Prenons $z = tx + (1-t)y$, $0 \le t \le 1$, alors $t(x-z) + (1-t)(y-z) = 0$, d'où

$$t\big(f(x) - f(z)\big) + (1-t)\big(f(y) - f(z)\big) \ge 0,$$

c'est-à-dire $f(z) \le tf(x) + (1-t)f(y)$.

2. La formule de Taylor s'écrit

$$f(x+th) = f(x) + tDf(x).h + \frac{1}{2}t^2 D^2 f(x).h^2 + r(t)$$

où $r(t) = o(t^2)$ et, si f est convexe, on a d'après (B.3)

$$(1/2)t^2 D^2 f(x).h^2 + r(t) \ge 0\,;$$

en divisant par t^2, puis en faisant tendre t vers 0, on obtient (B.4).

Réciproquement, soit $x, y \in \Omega$, on considère la fonction

$$g(t) = f\big(y + t(x-y)\big) - f(y) - tDf(y).(x-y),\ 0 \le t \le 1.$$

Cette fonction est 2-fois dérivable et

$$\begin{aligned} Dg(t) &= Df\big(y + t(x-y)\big).(x-y) - Df(y).(x-y) \\ D^2 g(t) &= D^2 f\big(y + t(x-y)\big).(x-y)^2 \ge 0. \end{aligned}$$

La fonction Dg est donc croissante, d'où $Dg(t) \ge Dg(0) = 0$; il en résulte que la fonction g est croissante, d'où $g(1) \ge g(0) = 0$, ce qui prouve (B.3) et la convexité de f.

EXERCICE B10

1. Soient $x \in E$, $y \in F$ tels que $a + x \in \Omega$, $b + y \in \Omega'$, on a

$$f(a+x) = \sum_{j=0}^{k} D^j f(a).\frac{x^j}{j!} + r_k(x)$$

et

$$g(b+y) = \sum_{j=0}^{k} D^j g(b).\frac{y^j}{j!} + s_k(y)$$

où $r_k(x) = o(\|x\|^k)$, $s_k(y) = o(\|y\|^k)$; si $h = g \circ f$, on en déduit

$$h(a+x) = h(a) + \sum_{j=1}^{k} D^j g(b).\frac{y^j}{j!} + s_k(y)$$

où $y = \sum_{i=1}^{k} D^i f(a).(x^i/i!) + r_k(x)$. On constate d'abord qu'il existe une constante $c \geq 0$ telle que $\|y\| \leq c\,\|x\|$ pour tout x suffisamment petit ; il en résulte que $s_k(y) = o(\|x\|^k)$. Dans le développement de $D^j g(b).y^j$, les termes qui contiennent $r_k(x)$ sont $o(\|x\|^k)$ et les autres termes sont de la forme

$$D^j g(b).\Big(D^{i_1} f(a).\frac{x^{i_1}}{i_1!},\ldots,D^{i_j} f(a).\frac{x^{i_j}}{i_j!}\Big)$$

où $i_1,\ldots,i_j$ sont des entiers appartenant à l'intervalle $[1,k]$. Lorsque $i_1+\ldots+i_j > k$, le terme correspondant est $o(\|x\|^k)$ et le développement de Taylor de h à l'ordre k est donc

$$h(a+x) = h(a)$$

$$+\sum_{j=1}^{k}\ \sum_{i\in\mathbf{N}^{*j},\,|i|\leq k} \frac{1}{j!} D^j g(b).\Big(D^{i_1} f(a).\frac{x^{i_1}}{i_1!},\ldots,D^{i_j} f(a).\frac{x^{i_j}}{i_j!}\Big) + o(\|x\|^k).$$

Vu l'exercice B6, on en déduit la formule proposée.

2. Pour $k = 2$, on obtient

$$\text{(B.5)}\quad D^2 h(a).x^2 = Dg(b).\big(D^2 f(a).x^2\big) + D^2 g(b).\big(Df(a).x, Df(a).x\big)\ ;$$

on en déduit que

$$D^2 h(a).(x_1,x_2) = Dg(b).\big(D^2 f(a).(x_1,x_2)\big)$$
$$+D^2 g(b).\big(Df(a).x_1, Df(a).x_2\big).$$

En effet, dans cette formule le second membre, en tant que fonction de (x_1,x_2), est une forme bilinéaire continue symétrique qui coïncide sur la diagonale de E^2 avec $D^2h(a)$ d'après (B.5) ; d'après l'exercice B5, cette forme bilinéaire est nécessairement la dérivée seconde $D^2h(a)$.

3. Lorsque $E = F = \mathbf{K}$, 1. s'écrit

$$D^k h(a) = \sum_{j=1}^{k}\ \sum_{i\in\mathbf{N}^{*j},\,|i|=k} \frac{k!}{i!\,j!} D^j g(b)\, D^{i_1} f(a)\times\ldots\times D^{i_j} f(a).$$

On peut regrouper les termes identiques. A cet effet, notons α_l le nombre d'indices i_q égaux à $l \in [1,k]$. On a alors

$$\text{(B.6)}\quad \frac{1}{i!} D^{i_1} f(a)\times\ldots\times D^{i_j} f(a) = \frac{\big(Df(a)\big)^{\alpha_1}\times\ldots\times\big(D^k f(a)\big)^{\alpha_k}}{(1!)^{\alpha_1}\times\ldots\times(k!)^{\alpha_k}}.$$

On observe que $j = |\alpha|$ et $\alpha_1 + 2\alpha_2 + \ldots + k\alpha_k = k$ car $|i| = k$. Si $\alpha \in \mathbf{N}^k$ est un multi-indice vérifiant cette identité, posons $j = |\alpha|$, il y a alors exactement $|\alpha|!/\alpha!$ indices $i \in \mathbf{N}^{*j}$ tels que $|i| = k$ pour lesquels on a (B.6) et ceci prouve la formule voulue.

EXERCICE B11

1,a. La fonction $u(t) = |1+t|^p - |t|^p - pt|t|^{p-2}$ est une fonction continue de t : la fonction $t \mapsto t|t|^{p-2}$ bien définie pour $t \neq 0$ se prolonge par continuité en 0 et vaut 0 en ce point car $p > 1$. Il en résulte que la fonction $u(t)/(1+|t|)^{p-2}$ est bornée sur tout compact et il s'agit donc de contrôler la fonction u à l'infini.

Lorsque $t > 0$, on a $u(t) = (1+t)^p - t^p - pt^{p-1}$ et en posant $v(\tau) = u(1/\tau)$, $\tau > 0$, on a $v(\tau) = \tau^{-p} w(\tau)$ où $w(\tau) = (1+\tau)^p - 1 - p\tau$ et la fonction $\tau \mapsto (1+\tau)^p$ étant C^∞ sur l'intervalle $[0, \infty[$, la formule de Taylor à l'ordre 2 montre que $|w(\tau)| \leq c\,\tau^2$ pour $0 \leq \tau \leq 1$ par exemple, d'où $|u(t)| \leq c\,t^{p-2}$ pour $t \geq 1$, puis $|u(t)| \leq c\,(1+t)^{p-2}$ avec une autre constante c.

Une étude analogue lorsque t tend vers $-\infty$ permet de conclure.

1,b. Lorsque $b = 0$, l'inégalité proposée est vérifiée quelle que soit la constante c. Lorsque $b \neq 0$, en posant $t = a/b$, l'inégalité devient

$$\left| |1+t|^p - |t|^p - pt|t|^{p-2} \right| \leq c\,(1+|t|)^{p-q}$$

qui résulte de 1,a. vu que $q \leq 2$.

2. On remarquera d'abord que la famille $(x_i|x_i|^{p-2}h_i)$ est sommable d'après l'inégalité de Hölder : en effet, la famille $(|x_i|^{p-1})$ appartient à l'espace $l^{p/(p-1)}$, h à l'espace l^p et $(p-1)/p + 1/p = 1$. L'inégalité de Hölder montre de plus que l'application $h \mapsto p\sum_{i\in I} x_i|x_i|^{p-2}h_i$ est une forme linéaire continue sur l^p comme doit l'être la dérivée de f.

On choisit q tel que $1 < q < p$ et $q \leq 2$, d'après 1,b. et l'inégalité de Hölder on a alors

$$\begin{aligned}
&\sum_{i\in I}\left(|x_i + h_i|^p - |x_i|^p - px_i\,|x_i|^{p-2}h_i\right) \\
&\qquad\qquad \leq c\sum_{i\in I}|h_i|^q(|x_i| + |h_i|)^{p-q} \\
&\qquad\qquad \leq c\left(\sum_{i\in I}|h_i|^p\right)^{\frac{q}{p}}\left(\sum_{i\in I}(|x_i| + |h_i|)^p\right)^{\frac{p-q}{p}}
\end{aligned}$$

et, $x \in l^p$ étant fixé, cette dernière expression se majore par $c\,\|h\|_p^q$ pour $\|h\|_p \leq 1$ car

$$\Big(\sum_{i\in I}(|x_i| + |h_i|)^p\Big)^{\frac{p-q}{p}} \leq \big(\|x\|_p + \|h\|_p\big)^{p-q} = c.$$

Étant donné qu'on a choisi $q > 1$, cette expression est un $o(\|h\|_p)$ et ceci prouve le résultat voulu.

3. L'application $t \mapsto t^{1/p}$ étant dérivable pour $t \neq 0$, le théorème des fonctions composées montre que la norme $\|\bullet\|_p$ est différentiable en dehors de l'origine et de dérivée

$$h \mapsto \|x\|_p^{1-p} \sum_{i\in I} x_i |x_i|^{p-2} h_i.$$

PROBLÈMES

PROBLÈME B1 (théorème de Borel)

Étant donné une famille quelconque de réels c_α, $\alpha \in \mathbf{N}^l$, on se propose de construire une fonction $f \in \mathcal{C}^\infty(\mathbf{R}^l; \mathbf{R})$ telle que $D^\alpha f(0) = c_\alpha$ pour tout α. On procédera de la façon suivante.

1. Montrer que la fonction $u : \mathbf{R} \to \mathbf{R}$ définie par $u(t) = \exp(-1/t)$ pour $t > 0$ et $u(t) = 0$ pour $t \leq 0$ est $\mathcal{C}^\infty$.

2. On pose $v(t) = c\,u(1 - t^2)$ où c est tel que $\int_{-\infty}^{\infty} v(\tau)\,d\tau = 1$, puis $w(t) = \int_{-\infty}^{t} v(\tau)\,d\tau$ et, si a et b sont des réels tels que $a < b$,

$$\theta_{a,b}(t) = w\left(\frac{2}{b-a}t - \frac{b+a}{b-a}\right).$$

Montrer que cette fonction $\theta_{a,b} : \mathbf{R} \to \mathbf{R}$ est $\mathcal{C}^\infty$, que $0 \leq \theta_{a,b} \leq 1$,

$$\theta_{a,b}(t) = 0 \text{ pour } t \leq a \text{ et } \theta_{a,b}(t) = 1 \text{ pour } t \geq b.$$

3. Si $0 < a < b$, construire en utilisant 2. une fonction $\varphi \in \mathcal{C}^\infty(\mathbf{R}^l)$ telle que

$$0 \leq \varphi \leq 1,\ \varphi(x) = 1 \text{ pour } \|x\| \leq a \text{ et } \varphi(x) = 0 \text{ pour } \|x\| \geq b$$

où $\|x\|$ désigne la norme euclidienne de x.

4. On choisit une fonction $\varphi \in \mathcal{C}^\infty(\mathbf{R}^l)$ vérifiant 3. avec $a = 1/2$ et $b = 1$ et on considère la série

$$f(x) = \sum_{\alpha \in \mathbf{N}^l} \varphi(t_\alpha x) c_\alpha \frac{x^\alpha}{\alpha!},\ x \in \mathbf{R}^l.$$

Montrer qu'il est possible de choisir les réels $t_\alpha > 0$ tels que cette série et toutes les séries obtenues par dérivation terme à terme convergent uniformément [on pourra vérifier qu'on peut prendre $t_\alpha = 1$ si $|c_\alpha| \le 1$ et $t_\alpha = |c_\alpha|$ si $|c_\alpha| \ge 1$]. En déduire que la somme $f(x)$ de cette série définit une fonction $\mathcal{C}^\infty$ et que $D^\alpha f(0) = c_\alpha$ pour tout α.

PROBLÈME B2

Étant donné une suite $M = (M_n)$ de réels > 0, on note $\mathcal{C}_M$ l'espace vectoriel des fonctions $u \in \mathcal{C}^\infty(\mathbf{R})$ pour lesquelles il existe une constante $c \ge 0$ telle que

$$|D^n u(x)| \le c^{n+1} M_n \text{ pour tout } x \in \mathbf{R} \text{ et tout } n \in \mathbf{N}.$$

On ne modifie évidemment pas l'espace $\mathcal{C}_M$ en multipliant la suite M par une constante et on peut donc supposer $M_0 = 1$.

Le but de ce problème est de montrer qu'on peut toujours supposer la suite M logarithmiquement convexe, c'est-à-dire

$$M_n^2 \le M_{n-1} M_{n+1} \text{ pour tout } n \ge 1.$$

1. Soit n un entier ≥ 0, on pose, pour $|x| \le 1$, $T_n(x) = \cos n(\arccos x)$.

a. Montrer qu'on définit ainsi un polynôme T_n de degré n, appelé polynôme de Tchebycheff.

b. Vérifier que T_n est solution de l'équation différentielle

$$(x^2-1)y'' + xy' - n^2 y = 0, \tag{B.7}$$

puis par dérivation que, pour tout entier k,

$$\text{(B.8)} \quad \begin{cases} (x^2-1)D^{k+2}T_n(x) \quad + \\ \qquad (2k+1)xD^{k+1}T_n(x) - (n^2-k^2)D^k T_n(x) = 0. \end{cases}$$

c. En déduire que $|D^k T_n(0)| \le n^k$ pour tout n et tout k.

2. On suppose $n \geq 1$ et on pose $x_j = \cos(j\pi/n)$, $0 \leq j \leq n$, et

$$q_i(x) = \prod_{\substack{j=0 \\ j \neq i}}^{n} \frac{x - x_j}{x_i - x_j}, \; 0 \leq i \leq n.$$

a. Montrer que $T_n(x) = \sum_{i=0}^{n} (-1)^i q_i(x)$ [on rappelle [W1, exercice 3.12.4] que, pour tout polynôme P de degré $\leq n$, $P(x) = \sum_{i=0}^{n} P(x_i) q_i(x)$].

b. Si $n - k$ est pair, montrer que

$$(-1)^{i+\frac{n-k}{2}} D^k q_i(0) \geq 0.$$

3. Soit P un polynôme de degré $n \geq 1$ tel que $|P(x)| \leq 1$ sur $[-1, 1]$, montrer que

$$|D^k P(0)| \leq n^k \text{ pour tout entier } k \geq 0.$$

[noter que $|D^k P(0)| \leq \sum_{i=1}^{n} |D^k q_i(0)|$ et utiliser 1,c. et 2. lorsque $n - k$ est pair ; lorsque $n - k$ est impair, introduire le polynôme

$$Q(x) = (1/2)[P(x) + (-1)^k P(-x)]].$$

4. Soit $f : [-1, 1] \to \mathbf{R}$ une fonction de classe C^n où n est un entier ≥ 2, on suppose qu'il existe des constantes $M_0, M_n > 0$ telles que

$$|f(x)| \leq M_0 \text{ et } |D^n f(x)| \leq M_n \text{ pour } |x| \leq 1.$$

a. Soit $0 < k < n$, montrer que

$$|D^k f(0)| \leq n^k \left(M_0 + \frac{M_n}{n!} \right)$$

[écrire $f(x) = P(x) + r(x)$ où $P(x) = \sum_{j=0}^{n-1} x^j / j! \, D^j f(0)$ et utiliser 3.]

b. En appliquant le résultat précédent à la fonction $x \mapsto f(ax)$ où $0 < a \leq 1$, en déduire que

$$|D^k f(0)| \leq 2e^k \max\left(M_0^{1-k/n} M_n^{k/n}, \, n^k M_0 \right)$$

[on choisira $a = (M_0 \, n!/M_n)^{1/n}$ si $M_n \geq M_0 \, n!$ et $a = n!^{1/n}/n$ sinon].

5. Soit $f : \mathbf{R} \to \mathbf{R}$ une fonction de classe C^n où $n \geq 2$, on pose

$$M_k = \sup_{x \in \mathbf{R}} |D^k f(x)| \in [0, +\infty], \; 0 \leq k \leq n.$$

On suppose M_0 et M_n finis.

a. Montrer alors que, pour tout entier $k \in]0, n[$, M_k est fini et

$$M_k \leq 2e^k M_0^{1-k/n} M_n^{k/n}$$

[appliquer 4. à la fonction $x \mapsto f(ax+b)$, $a > 0$].

b. En déduire que, pour $0 \leq j < k < l \leq n$,

$$M_k \leq 2e^{k-j} M_j^{\frac{l-k}{l-j}} M_l^{\frac{k-j}{l-j}}.$$

Revenons à l'étude de l'espace $\mathcal{C}_M$.

6. Supposons d'abord $\liminf_{n\to\infty} M_n^{1/n}$ fini.

a. Lorsque $\liminf_{n\to\infty} M_n^{1/n} = 0$, montrer que $\mathcal{C}_M$ se réduit à l'espace des fonctions constantes [il existe une sous-suite $\varepsilon_i = M_{n_i}^{1/n_i}$ qui converge vers 0 ; utiliser alors 5,a. avec $k = 1$ et $n = n_i$].

b. Lorsque $0 < \liminf_{n\to\infty} M_n^{1/n} < \infty$, montrer que $\mathcal{C}_M = \mathcal{C}_{M'}$ où $M' = (M'_n)$ avec $M'_n = 1$ pour tout n [il existe une sous-suite M_{n_i} telle que $M_{n_i} \leq m^{n_i}$, $m > 0$; utiliser alors 5,b. pour $j = n_i$, $k = n$ et $l = n_{i+1}$].

7. Lorsque $\lim_{n\to\infty} M_n^{1/n} = \infty$, on définit d'abord une suite $M^* = (M_n^*)$ logarithmiquement convexe de la façon suivante.

a. On pose $\alpha_n = \log M_n$ et on définit par récurrence une suite strictement croissante d'entiers $(n_i)_{i\geq 0}$ avec $n_0 = 0$ et une suite strictement croissante $(\beta_i)_{i\geq 1}$ de réels en posant

$$\beta_{i+1} = \inf_{n>n_i} \frac{\alpha_n - \alpha_{n_i}}{n - n_i} \quad \text{pour } i \geq 0$$

et en appelant n_{i+1} le plus grand entier $> n_i$ tel que

$$\beta_{i+1} = \frac{\alpha_{n_{i+1}} - \alpha_{n_i}}{n_{i+1} - n_i}.$$

On note $f : [0, \infty[\to \mathbf{R}$ la fonction dont le graphe contient les points (n_i, α_{n_i}) pour $i \in \mathbf{N}$ et qui est affine sur chacun des intervalles $[n_i, n_{i+1}]$. On pose $\alpha_n^* = f(n)$, $M_n^* = e^{\alpha_n^*}$. Montrer que

$$M_i^* \leq M_i,\ M_{n_i}^* = M_{n_i} \text{ pour tout } i \geq 0$$

et

$$M_i^{*2} \leq M_{i-1}^* M_{i+1}^* \text{ pour tout } i \geq 1.$$

Note La fonction f est convexe, son graphe est appelé le polygone de Newton associé à la suite de points (n, α_n).

b. En utilisant 5,b. montrer que $\mathcal{C}_M = \mathcal{C}_{M^\bullet}$.

Note Dans l'ouvrage de S. Mandelbrojt, Séries adhérentes, régularisation des suites, applications, Gauthier-Villars, Paris, 1952, on trouvera des inégalités analogues à celles de la question 5., mais plus précises, et même optimales, et pour des fonctions définies sur un intervalle quelconque.

PROBLÈME B3 (théorème de prolongement de Whitney)

Soient $k \in \mathbf{N}$ un entier, F un fermé de $\mathbf{R}^n$ et $f_\alpha : F \to \mathbf{R}$, $|\alpha| \leq k$, des applications. Pour tout $x \in \mathbf{R}^n$ et tout $a \in F$, on pose

$$T_a^k(x) = \sum_{|\beta| \leq k} f_\beta(a) \frac{(x-a)^\beta}{\beta!}$$

et, pour tout $x, y \in F$ et tout $|\alpha| \leq k$,

$$R_\alpha^k(x,y) = f_\alpha(x) - D^\alpha T_y^k(x).$$

1. S'il existe une application $f \in \mathcal{C}^k(\mathbf{R}^n)$ telle que $f_\alpha = D^\alpha f|_F$ pour tout $|\alpha| \leq k$, montrer que pour tout $a \in F$ et tout $\varepsilon > 0$, il existe $\delta > 0$ tel que

$$\text{(B.9)} \quad \begin{cases} \big(x, y \in F,\ \|x-a\| \leq \delta \text{ et } \|y-a\| \leq \delta\big) \\ \qquad\qquad \Longrightarrow |R_\alpha^k(x,y)| \leq \varepsilon \|x-y\|^{k-|\alpha|} \end{cases}$$

pour tout $|\alpha| \leq k$ [noter que $D^\alpha T_a^k(x) = \sum_{|\beta| \leq k-|\alpha|} f_{\alpha+\beta}(a)(x-a)^\beta/\beta!$ et utiliser l'exercice B4].

L'objet de ce problème est de démontrer que réciproquement, sous l'hypothèse (B.9), il existe une fonction $f \in \mathcal{C}^k(\mathbf{R}^n)$ telle que $f_\alpha = D^\alpha f|_F$ pour tout $|\alpha| \leq k$.

2. Lorsque $F = \mathbf{R}^n$, si pour tout $a \in \mathbf{R}^n$ et tout $\varepsilon > 0$, il existe $\delta > 0$ tel que

$$\text{(B.10)} \quad (x \in \mathbf{R}^n \text{ et } \|x-a\| \leq \delta) \Rightarrow |R_\alpha^k(x,a)| \leq \varepsilon \|x-a\|^{k-|\alpha|}$$

pour tout $|\alpha| \leq k$, montrer que f_0 est de classe $\mathcal{C}^k$ sur $\mathbf{R}^n$ et que $f_\alpha = D^\alpha f_0$, $|\alpha| \leq k$ [raisonner par récurrence sur k].

3. Soit $0 < \gamma < 1$, on se propose d'abord de construire une famille $(a_i)_{i\in I}$ d'éléments de $\Omega = \mathbf{R}^n - F$ telle que

$$\text{(B.11)} \quad \Omega = \bigcup_{i \in I} B(a_i; \gamma^2 r_i) \text{ où } r_i = d(a_i, F),$$

$$\text{(B.12)}\quad \begin{cases}\text{il existe un entier } N \text{ et, pour } x \in \Omega, \text{ un voisinage } V \text{ de } x\\ \text{tel que Card } \{i \in I\,;\ V \cap \Omega_i \neq \emptyset\} \leq N \text{ où } \Omega_i = B(a_i; \gamma r_i).\end{cases}$$

On procédera de la façon suivante. Soit $\varepsilon > 0$, pour tout $m \in \mathbf{Z}$, on pose

$$F_m = \{x \in \Omega\,;\ d(x, F) = (1+\varepsilon)^m\}.$$

a. Montrer qu'il existe une partie $A_m \subset F_m$ telle que

$$\text{(B.13)}\qquad (\forall x, y \in A_m)(x \neq y \Rightarrow \|x - y\| \geq \varepsilon\,(1+\varepsilon)^m),$$

$$\text{(B.14)}\qquad (\forall x \in F_m)(\exists y \in A_m)(\|x - y\| \leq \varepsilon\,(1+\varepsilon)^m)$$

[utiliser l'exercice 2.10.9 de [W1]].

b. Soit $x \in \Omega$, il existe $m \in \mathbf{Z}$ tel que $(1+\varepsilon)^m \leq d(x, F) < (1+\varepsilon)^{m+1}$, montrer que $d(x, F_m) < \varepsilon\,(1+\varepsilon)^m$ [soit $y \in F$ tel que $d(x, F) = \|x - y\|$, observer qu'il existe un point $z \in [x, y[$ tel que $d(z, F) = (1+\varepsilon)^m$].

c. On pose $A = \bigcup_{m \in \mathbf{Z}} A_m$ et, pour $a \in A$, $r_a = d(a, F)$, montrer alors que $\Omega = \bigcup_{a \in A} B(a; \gamma^2 r_a)$ dès que $0 < \varepsilon < \gamma^2/2$.

Si on note $(a_i)_{i \in I}$ la famille de tous les éléments de A, ceci prouve (B.11). Il s'agit ensuite de prouver (B.12).

d. Pour tout $x \in \Omega$, prenons $V = B(x; \gamma r)$ où $r = d(x, F)$ et soient $a, b \in A$, $a \neq b$, tels que $B(a; \gamma r_a) \cap B(x; \gamma r)$ et $B(b; \gamma r_b) \cap B(x; \gamma r)$ soient non vides.

Montrer que

$$\text{(B.15)}\qquad \frac{1-\gamma}{1+\gamma}\, r \leq r_a \leq \frac{1+\gamma}{1-\gamma}\, r$$

et en déduire que $\|x - a\| \leq \big(2\gamma/(1-\gamma)\big)\, r$.

On peut supposer $a \in A_p$, $b \in A_q$ où $p \leq q$; montrer que $\|a - b\| \geq \varepsilon\,(1+\varepsilon)^p$ et en déduire que

$$\text{(B.16)}\qquad \|a - b\| \geq \varepsilon\, \frac{1-\gamma}{1+\gamma}\, r.$$

Vérifier alors (B.12).

4. Soit $0 < \gamma < \delta < 1$ et soit $\theta \in C^\infty(\mathbf{R}^n)$ (problème B1) tel que

$$0 \leq \theta \leq 1,\ \theta(x) = 1 \text{ pour } \|x\| \leq \gamma,\ \theta(x) = 0 \text{ pour } \|x\| \geq \delta.$$

On pose $\psi_i(x) = \theta\big((x - a_i)/\gamma r_i\big)$, $\psi = \sum_{i \in I} \psi_i$ et $\varphi_i = \psi_i/\psi$. Montrer que

$$\varphi_i \in C^\infty(\Omega),\ \text{supp}\ \varphi_i \subset \Omega_i,\ 0 \leq \varphi_i \leq 1,\ \sum_{i \in I} \varphi_i = 1 \text{ sur } \Omega$$

et qu'il existe, pour tout $\alpha \in \mathbf{N}^n$, une constante $c_\alpha \geq 0$ telle que

$$|D^\alpha \varphi_i(x)| \leq \frac{c_\alpha}{d(x,F)^{|\alpha|}} \text{ pour tout } x \in \Omega. \tag{B.17}$$

5. On suppose que les fonctions (f_α) vérifient (B.9) et on pose

$$f(x) = \begin{cases} f_0(x) & \text{si } x \in F, \\ \displaystyle\sum_{i \in I} \varphi_i(x)\, T^k_{b_i}(x) & \text{si } x \in \Omega \end{cases}$$

où $b_i \in F$ est tel que $\|a_i - b_i\| = d(a_i, F)$.

a. Montrer que, pour tout $a, b \in F$, tout $x \in \mathbf{R}^n$ et $|\alpha| \leq k$,

$$D^\alpha T^k_a(x) - D^\alpha T^k_b(x) = \sum_{|\beta| \leq k - |\alpha|} \frac{(x-a)^\beta}{\beta!} R^k_{\alpha+\beta}(a,b).$$

b. Soient $a \in F$ et $|\alpha| \leq k$, montrer que, pour tout $\varepsilon > 0$, il existe $\delta > 0$ tel que

$$(x \in \Omega \text{ et } \|x - a\| \leq \delta) \Rightarrow |D^\alpha f(x) - D^\alpha T^k_a(x)| \leq \varepsilon \, \|x - a\|^{k-|\alpha|}$$

[noter que, pour $x \in \Omega$,

$$D^\alpha f(x) - D^\alpha T^k_a(x) = \sum_{\beta \leq \alpha} \sum_{i \in I} \binom{\alpha}{\beta} D^\beta \varphi_i(x) \left[D^{\alpha-\beta} T^k_{b_i}(x) - D^{\alpha-\beta} T^k_a(x) \right];$$

lorsque $\beta = 0$, majorer $D^\alpha T^k_a(x) - D^\alpha T^k_{b_i}(x)$ en utilisant a. et lorsque $\beta > 0$, observer que

$$\left\{ \begin{aligned} &\sum_{i \in I} D^\beta \varphi_i(x) \left[D^{\alpha-\beta} T^k_{b_i}(x) - D^{\alpha-\beta} T^k_a(x) \right] \\ &\qquad\qquad = D^\beta \varphi_i(x) \left[D^{\alpha-\beta} T^k_{b_i}(x) - D^{\alpha-\beta} T^k_b(x) \right] \end{aligned} \right.$$

pour tout $b \in F$; on choisira $b \in F$ tel que $\|x - b\| = d(x, F)$ et on raisonnera comme dans le cas $\beta = 0$].

c. On pose pour $|\alpha| \leq k$

$$g_\alpha(x) = \begin{cases} f_\alpha(x) & \text{si } x \in F, \\ D^\alpha f(x) & \text{si } x \in \Omega. \end{cases}$$

Montrer que ces fonctions (g_α) vérifient l'hypothèse de 2. et en déduire que f est de classe $\mathcal{C}^k$ sur $\mathbf{R}^n$ et que $D^\alpha f|_F = f_\alpha$ pour tout $|\alpha| \leq k$: ceci prouve le théorème annoncé de Whitney.

6. (théorème de Whitney $\mathcal{C}^\infty$) On se donne des fonctions $f_\alpha : F \to \mathbf{R}$ pour tout $\alpha \in \mathbf{N}^n$ et on suppose que (B.9) est vérifié pour tout entier k, alors il existe une fonction $f \in \mathcal{C}^\infty(\mathbf{R}^n)$ telle que $D^\alpha f|_F = f_\alpha$ pour tout α.

On pourra raisonner de la façon suivante. Soit (ρ_k) une suite de réels > 0 telle que $\lim_{k\to\infty} \rho_k = 0$; pour $i \in I$, on pose

$$A_i = \{k \in \mathbf{N} \,;\, r_i \leq \rho_k\},\ k_i = 0 \text{ si } A_i = \emptyset \text{ et } k_i = \max A_i \text{ si } A_i \neq \emptyset.$$

Alors la fonction

$$f(x) = \begin{cases} f_0(x) & \text{si } x \in F, \\ \sum_{i\in I} \varphi_i(x) T_{b_i}^{k_i}(x) & \text{si } x \in \Omega \end{cases}$$

répond à la question [vérifier que 5,b. vaut pour tout $k \in \mathbf{N}$].

Note Lorsque F est réduit à un point, on retrouve le théorème de Borel (problème B1).

CORRIGÉ DES PROBLÈMES

PROBLÈME B1

1. On démontre que u est de classe $\mathcal{C}^k$ pour tout k en raisonnant par récurrence sur k. La fonction u est évidemment continue vu que

$$\lim_{t\to 0,\, t>0} \exp(-1/t) = 0.$$

Supposons démontré le fait que u est de classe $\mathcal{C}^{k-1}$; on constate que, pour $t > 0$, $D^k u(t)$ est de la forme $P(t)t^{-2k}\exp(-1/t)$ où P est un polynôme, donc tend vers 0 lorsque t tend vers 0. Vu l'exercice A6, ceci montre que u est k-fois différentiable en 0 et que $D^k u(0) = 0$: u est donc de classe $\mathcal{C}^k$, d'où le résultat annoncé.

2. La fonction v est $\mathcal{C}^\infty$ et $v(t)$ est nul pour $|t| \geq 1$. La fonction w est $\mathcal{C}^\infty$, $w(t) = 0$ pour $t \leq -1$, $w(t) = 1$ pour $t \geq 1$ et $0 \leq w \leq 1$ d'après le choix de la constante c ; on en déduit de suite les propriétés de la fonction $\theta_{a,b}$.

3. La fonction $\theta(t) = \theta_{-b^2,-a^2}(t)\,\theta_{-b^2,-a^2}(-t)$ est C^∞, $\theta(t) = 1$ pour $|t| \le a^2$, $\theta(t) = 0$ pour $|t| \ge b^2$ et $0 \le \theta \le 1$. Il en résulte que la fonction $x \mapsto \theta(\|x\|^2)$ possède les propriétés requises.

4. Posons

$$f_\alpha(x) = \varphi(t_\alpha x) c_\alpha \, \frac{x^\alpha}{\alpha!}$$

et soit $\beta \in \mathbf{N}^l$ un multi-indice de dérivation, on a

$$D^\beta f_\alpha(x) = \sum_{\substack{\gamma \le \alpha \\ \gamma \le \beta}} \binom{\beta}{\gamma} D^{\beta-\gamma}\varphi(t_\alpha x) t_\alpha^{|\beta-\gamma|} c_\alpha \, \frac{x^{\alpha-\gamma}}{(\alpha-\gamma)!}.$$

Le multi-indice β étant fixé, nous allons démontrer que la série

$$\text{(B.18)} \qquad \sum_\alpha \sum_{\substack{\gamma \le \alpha \\ \gamma \le \beta}} \binom{\beta}{\gamma} D^{\beta-\gamma}\varphi(t_\alpha x) t_\alpha^{|\beta-\gamma|} c_\alpha \, \frac{x^{\alpha-\gamma}}{(\alpha-\gamma)!}$$

est normalement sommable avec les t_α proposés. On observe d'abord que les fonctions $D^{\beta-\gamma}\varphi$ sont uniformément bornées et, lorsque $D^{\beta-\gamma}\varphi(t_\alpha x)$ est non nul, on a nécessairement $\|t_\alpha x\| \le 1$, d'où $|x^{\alpha-\gamma}| \le t_\alpha^{-|\alpha-\gamma|}$. Vu que $t_\alpha^{|\beta-\gamma|} t_\alpha^{-|\alpha-\gamma|} = t_\alpha^{|\beta|-|\alpha|}$, le terme général de (B.18) se majore par

$$A_{\alpha,\gamma} \equiv M_\beta \, |c_\alpha| \, \frac{t_\alpha^{|\beta|-|\alpha|}}{(\alpha-\gamma)!}.$$

et il s'agit de prouver que la somme

$$\sum_\alpha \sum_{\substack{\gamma \le \alpha \\ \gamma \le \beta}} |c_\alpha| \, \frac{t_\alpha^{|\beta|-|\alpha|}}{(\alpha-\gamma)!}$$

est finie. A cet effet, on peut exclure un nombre fini de termes ; on peut donc supposer $|\alpha| > |\beta|$, on a alors

$$|c_\alpha| \, t_\alpha^{|\beta|-|\alpha|} \le |c_\alpha| \, t_\alpha^{-1} \le 1\,;$$

il en résulte que $A_{\alpha,\gamma} \le M_\beta/(\alpha-\gamma)!$ et

$$\begin{aligned} \sum_{|\alpha|>|\beta|} \sum_{\substack{\gamma \le \alpha \\ \gamma \le \beta}} \frac{1}{(\alpha-\gamma)!} &\le \sum_\alpha \sum_{\substack{\gamma \le \alpha \\ \gamma \le \beta}} \frac{1}{(\alpha-\gamma)!} \\ &\le \sum_{\gamma \le \beta} \sum_{\alpha \ge \gamma} \frac{1}{(\alpha-\gamma)!} \end{aligned}$$

où

$$\sum_{\alpha \geq \gamma} \frac{1}{(\alpha - \gamma)!} = \sum_{\alpha} \frac{1}{\alpha!} = e^l < \infty.$$

et la somme $\sum_{\gamma \leq \beta} \cdots$ est finie, ce qui permet de conclure.

La fonction f est donc C^∞ d'après le théorème 1.6.2 et la remarque 1.7.1 de [W2] ; de plus

$$D^\beta f(0) = \sum_{\alpha \leq \beta} \binom{\beta}{\alpha} D^{\beta-\alpha} \varphi(0) t_\alpha^{|\beta-\alpha|} c_\alpha$$

et tous les termes étant nuls sauf peut-être le terme correspondant à $\alpha = \beta$, on en déduit $D^\beta f(0) = c_\beta$, c'est-à-dire le résultat souhaité.

PROBLÈME B2

1,a. Si $x = \cos\theta$, on a par définition $T_n(x) = \cos n\theta$, quantité qui ne dépend pas du choix de θ tel que $x = \cos\theta$. En choisissant θ tel que $\sin\theta \geq 0$, on en déduit que

$$\begin{aligned} T_n(x) &= \Re e\, e^{in\theta} = \Re e\,(\cos\theta + i\sin\theta)^n \\ &= \Re e\,(x + i\sqrt{1-x^2})^n \\ &= \sum_{k=0}^{[n/2]} \binom{n}{2k} x^{n-2k}(-1)^k(1-x^2)^k, \end{aligned}$$

où $[n/2]$ désigne la partie entière de $n/2$; cette formule montre bien que T_n est un polynôme de degré n.

1,b. On a $y = \cos n\theta$ où $x = \cos\theta$, d'où

$$\begin{aligned} y' &= -n\sin n\theta \times \theta', \\ y'' &= -n\sin n\theta \times \theta'' - n^2 y \times \theta'^2. \end{aligned}$$

La relation $x = \cos\theta$ donne par dérivation

$$\begin{aligned} 1 &= -\sin\theta \times \theta', \\ 0 &= -\sin\theta \times \theta'' - x \times \theta'^2. \end{aligned}$$

On en déduit

$$\begin{aligned}\sin^2\theta\times y'' &= -n\sin n\theta\times\sin^2\theta\times\theta''-n^2y\times(-\sin\theta\times\theta')^2\\ &= n\sin n\theta\times\sin\theta\times x\times\theta'^2-n^2y\\ &= xy'-n^2y,\end{aligned}$$

ce qui prouve (B.7).

On vérifie ensuite (B.8) par récurrence sur k : pour $k=0$ il s'agit de (B.7) et en dérivant $(\mathrm{B.8})_k$, on obtient $(\mathrm{B.8})_{k+1}$.

1,c. Étant donné que $D^kT_n\equiv 0$ pour $k>n$, on peut supposer $0\le k\le n$. D'après (B.8), on a

$$D^{k+2}T_n(0)=-(n^2-k^2)D^kT_n(0),$$

d'où $|D^{k+2}T_n(0)|\le n^2|D^kT_n(0)|$ si $0\le k\le n$. Pour conclure, il suffit de vérifier que $|D^kT_n(0)|\le n^k$ pour $k=0,1$. Or, d'après la formule de 1,a., $T_n(0)=0$ si n est impair et $T_n(0)=(-1)^{n/2}$ si n est pair. Lorsque n est pair, T_n est pair, donc $DT_n(0)=0$ et, lorsque n est impair, soit $n=2m+1$,

$$DT_n(0)=\binom{2m+1}{2m}(-1)^m=n(-1)^{(n-1)/2},$$

ce qui fournit les inégalités voulues.

2,a. On a $x_j=\cos\theta_j$ avec $\theta_j=j\pi/n$, d'où

$$T_n(x_j)=\cos n\theta_j=\cos j\pi=(-1)^j\,;$$

d'après la formule d'interpolation de Lagrange [W1, exercice 3.12.4], on en déduit que

$$T_n(x)=\sum_{i=0}^{n}(-1)^iq_i(x).$$

2,b. Étant donné que l'application $j\mapsto x_j$ est décroissante, on observe que

$$(-1)^i\prod_{\substack{j=0\\ j\neq i}}^{n}(x_i-x_j)>0.$$

On pose $r_i(x)=\prod_{\substack{j=0\\ j\neq i}}^{n}(x-x_j)$; on vérifie aisément par récurrence que

$$D^kr_i(x)=k!\sum_{J\in\mathcal{J}_k}\prod_{j\in J}(x-x_j),\ 0\le k\le n,$$

où la somme porte sur l'ensemble $\mathcal{J}_k$ des parties de $[0,n]-\{i\}$ à $n-k$ éléments (lorsque $k=n$, on convient que $\sum_{J\in\emptyset}\cdots=1$). On en déduit, $n-k$ étant pair,

$$\text{(B.19)} \qquad D^k r_i(0) = k! \sum_{J\in\mathcal{J}_k} x_J \text{ où } x_J = \prod_{i\in J} x_i.$$

Soit $J\in\mathcal{J}_k$, supposons qu'il existe $j\in J$, $j\neq n-i$, tel que $n-j\notin J$; alors $J'=J\cup\{n-j\}-\{j\}\in\mathcal{J}_k$ et $x_J+x_{J'}=0$, vu que $x_j+x_{n-j}=0$. Ceci montre que dans la formule (B.19), on peut se contenter de sommer sur les $J\in\mathcal{J}_k$ vérifiant

$$(\forall j\in J)(j\neq n-i\Longrightarrow n-j\in J).$$

Alors, ou bien $n-i\notin J$, ou bien $n-i\in J$. Si $n-i\notin J$, l'ensemble J est laissé invariant par l'application $j\mapsto n-j$ et, $n-k$ étant pair, dans le produit x_J, on a $(n-k)/2$ termes <0 et $(n-k)/2$ termes >0 et par conséquent, $(-1)^{(n-k)/2}x_J>0$. Si $n-i\in J$, l'ensemble $J-\{n-i\}$ est laissé invariant par l'application $j\mapsto n-j$; cet ensemble ayant un nombre impair d'éléments, l'un est nécessairement égal à $n/2$ (ce qui impose n pair) et $x_J=0$.

Ceci prouve le résultat voulu.

3. On a $P(x)=\sum_{i=0}^n P(x_i)q_i(x)$, d'où $D^kP(0)=\sum_{i=0}^n P(x_i)D^kq_i(0)$ et, vu que $|P(x)|\leq 1$,

$$|D^kP(0)|\leq\sum_{i=0}^n|D^kq_i(0)|.$$

Lorsque $n-k$ est pair, on a d'après 2,a. et 2,b.

$$\begin{aligned}|D^kP(0)| &\leq (-1)^{(n-k)/2}\sum_{i=0}^n(-1)^iD^kq_i(0)\\ &\leq (-1)^{(n-k)/2}D^kT_n(0),\end{aligned}$$

d'où $|D^kP(0)|\leq n^k$ d'après 1,c.

Lorsque $n-k$ est impair, le polynôme

$$Q(x)=\frac{1}{2}[P(x)+(-1)^kP(-x)]$$

est de degré $\leq n-1$, donc $|D^kQ(0)|\leq(n-1)^k\leq n^k$ d'après ce qui précède, ce qui permet de conclure vu que $D^kP(0)=D^kQ(0)$.

4,a. D'après la formule de Taylor, on a $f(x) = P(x) + r(x)$ où

$$P(x) = \sum_{j=0}^{n-1} D^j f(0) x^j / j! \text{ et } |r(x)| \leq M_n / n!,$$

d'où $|P(x)| \leq M_0 + M_n/n!$ pour tout $|x| \leq 1$. D'après 3., on en déduit que

$$|D^k f(0)| = |D^k P(0)| \leq n^k \Big(M_0 + \frac{M_n}{n!} \Big).$$

4,b. Appliquons a. à la fonction $x \mapsto f(ax)$, on obtient

$$\text{(B.20)} \qquad |D^k f(0)| \leq \frac{n^k}{a^k} \Big(M_0 + \frac{a^n}{n!} M_n \Big).$$

Lorsque $M_n \geq M_0 n!$, prenons $a = \Big(n! M_0 / M_n \Big)^{1/n}$, alors

$$|D^k f(0)| \leq n^k \Big(\frac{M_n}{n! M_0} \Big)^{k/n} 2 M_0 = 2 \Big(\frac{n}{n!^{1/n}} \Big)^k M_0^{1-k/n} M_n^{k/n}$$

où $n/n!^{1/n} \leq e$: en effet, $e^x = \sum_{n=0}^{\infty} x^n/n!$, d'où $e^n \geq n^n/n!$. On en déduit ainsi

$$|D^k f(0)| \leq 2 e^k M_0^{1-k/n} M_n^{k/n}.$$

Lorsque $M_n \leq M_0 n!$, prenons $a = n!^{1/n}/n$ (on a bien $a \leq 1$, vu que $n! \leq n^n$) ; alors, $1/a \leq e$ et (B.20) s'écrit

$$|D^k f(0)| \leq e^k n^k M_0 (1 + a^n) \leq 2 e^k n^k M_0.$$

Ceci prouve que

$$|D^k f(0)| \leq 2 e^k \max\big(M_0^{1-k/n} M_n^{k/n},\ n^k M_0 \big)$$

5,a. On considère la fonction $g(x) = f(ax + b)$, $a > 0$. On a $D^k g(0) = a^k D^k f(b)$; on déduit de 4,b. que, pour tout $b \in \mathbf{R}$ et tout $a > 0$,

$$a^k |D^k f(b)| \leq 2 e^k \max\Big(M_0^{1-k/n} M_n^{k/n} a^k, n^k M_0 \Big) ;$$

en divisant par a^k et en faisant tendre a vers $+\infty$, on obtient

$$|D^k f(b)| \leq 2 e^k M_0^{1-k/n} M_n^{k/n},$$

ce qui prouve le résultat voulu.

5,b. On applique a. à la fonction $D^j f$ en remplaçant n et k par $l-j$ et $k-j$ respectivement.

6,a. L'hypothèse signifie qu'il existe une sous-suite $(M_{n_i}^{1/n_i})$ qui converge vers 0 ; on pose $\varepsilon_i = M_{n_i}^{1/n_i}$. Soit $u \in \mathcal{C}_M$, il existe $c \geq 0$ tel que $|D^n u(x)| \leq c^{n+1} M_n$. Utilisons 5,a. avec $k=1$ et $n = n_i$, on obtient [rappelons que $M_0 = 1$]

$$|Du(x)| \leq 2e(cM_0)^{1-1/n_i}(c^{n_i+1}M_{n_i})^{1/n_i} \leq 2ec^2\varepsilon_i$$

et, en faisant tendre i vers l'infini, on en déduit $Du(x) = 0$: u est donc constante. Ceci montre que la classe $\mathcal{C}_M$ se réduit à l'ensemble des fonctions constantes, toute classe $\mathcal{C}_M$ contenant cet ensemble.

6,b. Dire que $\liminf_{n\to\infty} M_n^{1/n}$ est fini signifie qu'il existe une sous-suite $(M_{n_i}^{1/n_i})$ bornée, soit $M_{n_i} \leq m^{n_i}$. Soit $u \in \mathcal{C}_M$, alors $|D^{n_i}u(x)| \leq c(cm)^{n_i}$ et d'après 5,b. on déduit que, pour $n_i < n < n_{i+1}$,

$$|D^n u(x)| \leq 2e^{n-n_i}c(cm)^{n_i \frac{n_{i+1}-n}{n_{i+1}-n_i}}(cm)^{n_{i+1}\frac{n-n_i}{n_{i+1}-n_i}} \leq 2c(ecm)^n$$

et ceci prouve qu'il existe une constante $L \geq 0$ telle que $|D^n u(x)| \leq L^{n+1}$ pour tout $x \in \mathbf{R}$ et tout $n \in \mathbf{N}$. On a donc $u \in \mathcal{C}_{M'}$ où $M' = (M'_n)$, $M'_n = 1$. Réciproquement, supposons $u \in \mathcal{C}_{M'}$: il existe $c \geq 0$ tel que $|D^n u(x)| \leq c^{n+1}$. L'hypothèse $\liminf_{n\to\infty} M_n^{1/n} > 0$ signifie qu'il existe une constante $m > 0$ telle que $M_n \geq m^n$ pour tout n ; on a alors $c^{n+1} \leq c'^{n+1}M_n$ dès que $c' \geq \max(c, c/m)$ et par conséquent $u \in \mathcal{C}_M$.

Ceci prouve que $\mathcal{C}_M = \mathcal{C}_{M'}$.

7,a. On observe d'abord que β_{i+1} et n_{i+1} sont bien définis vu que (α_n/n) tend vers l'infini. D'après la définition même de β_{i+1}, tous les points (n, α_n) avec $n \geq n_i$ sont situés au dessus de la droite passant par le point (n_i, α_{n_i}) et de pente β_{i+1}. On en déduit d'une part que $\alpha_n^* \leq \alpha_n$, soit $M_n^* \leq M_n$, d'autre part que la fonction f est convexe, d'où $2\alpha_i^* \leq \alpha_{i-1}^* + \alpha_{i+1}^*$ et, par conséquent, $M_i^{*2} \leq M_{i-1}^* M_{i+1}^*$.

7,b. Il est clair que $\mathcal{C}_{M^*} \subset \mathcal{C}_M$ vu que $M^* \leq M$. Réciproquement, soit $u \in \mathcal{C}_M$: il existe $c \geq 0$ tel que $|D^n u(x)| \leq c^{n+1}M_n$. Pour $n_i < n < n_{i+1}$, on a alors d'après 5,b. vu que $M_{n_i}^* = M_{n_i}$

$$|D^n u(x)| \leq 2e^{n-n_i}c^{n+1}\left(M_{n_i}^*\right)^{\frac{n_{i+1}-n}{n_{i+1}-n_i}}\left(M_{n_{i+1}}^*\right)^{\frac{n-n_i}{n_{i+1}-n_i}}$$

et d'après la convexité logarithmique de M^*

$$|D^n u(x)| \leq 2e^n c^{n+1} M_n^*,$$

ce qui prouve le résultat voulu.

PROBLÈME B3

1. On vérifie que

$$D^\alpha T_a^k(x) = \sum_{|\beta| \leq k-|\alpha|} f_{\alpha+\beta}(a)\frac{(x-a)^\beta}{\beta!}.$$

On raisonne par récurrence sur l'ordre α de dérivation, la formule étant trivialement vérifiée pour $\alpha = 0$. On a

$$D_j D^\alpha T_a^k(x) = \sum_{\substack{|\beta| \leq k-|\alpha| \\ \beta_j \geq 1}} f_{\alpha+\beta}(a)\frac{(x-a)^{\beta-\delta_j}}{(\beta-\delta_j)!}$$

où $\delta_j = (\delta_j^i)_{1\leq i\leq n}$, δ_j^i désignant le symbole de Kronecker; en posant $\beta' = \beta - \delta_j$, on obtient

$$D_j D^\alpha T_a^k(x) = \sum_{|\beta'| \leq k-(|\alpha|+1)} f_{(\alpha+\delta_j)+\beta'}(a)\frac{(x-a)^{\beta'}}{\beta'!}$$

ce qui prouve le résultat voulu. On a donc

$$R_\alpha^k(x,y) = f_\alpha(x) - \sum_{|\beta| \leq k-|\alpha|} f_{\alpha+\beta}(y)\frac{(x-y)^\beta}{\beta!} \tag{B.21}$$

et la propriété (B.9) résulte donc de l'exercice B4, la fonction $D^\alpha f$ étant de classe $\mathcal{C}^{k-|\alpha|}$.

2. Vérifions d'abord que les fonctions f_α sont continues. D'après (B.21), on a en effet

$$R_\alpha^k(x,a) = f_\alpha(x) - f_\alpha(a) + R'(x)$$

où $R'(x)$ tend vers 0 lorsque x tend vers a. Vu l'hypothèse (B.10), on en déduit que $f_\alpha(x) - f_\alpha(a)$ tend vers 0 lorsque x tend vers a, ce qui prouve le résultat voulu.

Ceci démontre en particulier le résultat pour $k = 0$. On raisonne ensuite par récurrence sur k. On suppose le résultat acquis pour k et on le vérifie pour $k+1$. On remarque d'abord que, si les fonctions $(f_\alpha)_{|\alpha|\leq k+1}$ vérifient

$(B.10)_{k+1}$, alors les fonctions $(f_\alpha)_{|\alpha|\leq k}$ vérifient $(B.10)_k$: en effet, pour $|\alpha| \leq k$,

$$R_\alpha^k(x,a) = R_\alpha^{k+1}(x,a) + \sum_{|\beta|=k+1-|\alpha|} f_{\alpha+\beta}(a)\frac{(x-a)^\beta}{\beta!};$$

d'après $(B.10)_{k+1}$ où nous prenons $\varepsilon = 1$, on obtient un $\delta_0 > 0$ et, pour $\|x-a\| \leq \delta \leq \delta_0$, on a alors

$$|R_\alpha^k(x,a)| \leq \|x-a\|^{k+1-|\alpha|} + c\,\|x-a\|^{k+1-|\alpha|} \leq (c+1)\delta\,\|x-a\|^{k-|\alpha|},$$

ce qui prouve $(B.10)_k$. On en déduit que f_0 est de classe C^k et que $f_\alpha = D^\alpha f_0$ pour $|\alpha| \leq k$.

Lorsque $|\alpha| = k$, on a d'après $(B.10)_{k+1}$

$$f_\alpha(x) - \sum_{|\beta|\leq 1} f_{\alpha+\beta}(a)\frac{(x-a)^\beta}{\beta!} = o(x-a),$$

c'est-à-dire

$$f_\alpha(x) - f_\alpha(a) - \sum_{j=1}^{n} f_{\alpha+\delta_j}(a)(x_j - a_j) = o(x-a)$$

et ceci prouve que f_α est différentiable au point a et que $D_j f_\alpha(a) = f_{\alpha+\delta_j}(a)$, d'où le résultat voulu.

3,a. On considère l'ensemble $\mathcal{A}$ des parties A de F_m telles que $\|x-y\| \geq \varepsilon\,(1+\varepsilon)^m$ pour tout $x, y \in A$, $x \neq y$; ordonné par inclusion, l'ensemble $\mathcal{A}$ est inductif [W1, exercice 2.10.9] et toute partie maximale $A_m \in \mathcal{A}$ vérifie (B.13) et (B.14).

3,b. Soient $x \in \Omega$, $m \in \mathbf{Z}$ tel que $(1+\varepsilon)^m \leq d(x,F) < (1+\varepsilon)^{m+1}$ et $y \in F$ tel que $d(x,F) = \|x-y\|$. La fonction

$$\varphi : t \mapsto d\big(tx + (1-t)y, F\big)$$

est continue, $\varphi(0) = d(y,F) = 0$ et $\varphi(1) = d(x,F) \geq (1+\varepsilon)^m$; d'après le théorème des valeurs intermédiaires, il existe donc un $t \in]0,1]$ tel que $\varphi(t) = (1+\varepsilon)^m$. Ceci prouve qu'il existe un point $z \in [x,y[$ tel que $d(z,F) = (1+\varepsilon)^m$, donc $z \in F_m$, et

$$\|x-z\| = \|x-y\| - \|y-z\| < (1+\varepsilon)^{m+1} - (1+\varepsilon)^m = \varepsilon\,(1+\varepsilon)^m,$$

et, vu que z appartient à F_m, ceci prouve que $d(x, F_m) < \varepsilon\,(1+\varepsilon)^m$.

3,c. Soit $x \in \Omega$ et soit $m \in \mathbf{Z}$ tel que $(1+\varepsilon)^m \leq d(x, F) < (1+\varepsilon)^{m+1}$; d'après b., il existe $y \in F_m$ tel que $\|x-y\| < \varepsilon\,(1+\varepsilon)^m$ et d'après (B.14) il existe $a \in A_m \subset A$ tel que $\|y-a\| \leq \varepsilon\,(1+\varepsilon)^m$, d'où

$$\|x-a\| \leq \|x-y\| + \|y-a\| < 2\varepsilon\,(1+\varepsilon)^m.$$

Il en résulte que $x \in B(a;\gamma^2 r_a)$ dès que $2\varepsilon\,(1+\varepsilon)^m \leq \gamma^2 r_a$, c'est-à-dire dès que $2\varepsilon \leq \gamma^2$ vu que $r_a = (1+\varepsilon)^m$. Ceci prouve que

$$\Omega = \bigcup_{i \in I} B(a_i;\gamma^2 r_i)$$

dès que $0 < \varepsilon < \gamma^2/2$.

3,d. Soit $y \in B(a;\gamma r_a) \cap B(x;\gamma r)$, alors

$$(1-\gamma)r \leq d(y, F) \leq (1+\gamma)r \text{ et } (1-\gamma)r_a \leq d(y,F) \leq (1+\gamma)r_a$$

et par conséquent $(1-\gamma)r \leq (1+\gamma)r_a$, $(1-\gamma)r_a \leq (1+\gamma)r$, ce qui prouve (B.15). On en déduit que

$$\|x-a\| \leq \gamma(r+r_a) \leq \frac{2\gamma}{1-\gamma} r.$$

Lorsque $p = q$, on a $\|a-b\| \geq \varepsilon\,(1+\varepsilon)^p$ d'après (B.13) et lorsque $p < q$

$$\begin{aligned} \|a-b\| &\geq d(b,F) - d(a,F) = (1+\varepsilon)^q - (1+\varepsilon)^p \\ &\geq (1+\varepsilon)^{p+1} - (1+\varepsilon)^p = \varepsilon\,(1+\varepsilon)^p. \end{aligned}$$

Étant donné que $\big((1-\gamma)/(1+\gamma)\big)r \leq r_a = (1+\varepsilon)^p$, on en déduit (B.16).

Ceci montre qu'il existe deux constantes $\alpha, \beta > 0$ telles que

$$\|x-a\| \leq \alpha r \text{ et } \|a-b\| \geq \beta r.$$

Si A_x désigne l'ensemble des $a \in A$ tels que $B(a;\gamma r_a) \cap B(x;\gamma r) \neq \emptyset$, on en déduit que les boules ouvertes $B(a;\beta r/2)$, $a \in A_x$, sont disjointes deux à deux et contenues dans la boule ouverte $B(x;(\alpha+\beta/2)r)$. Il en résulte que

$$\text{Card } A_x \times \text{vol } B(0;\beta r/2) \leq \text{vol } B(0;(\alpha+\beta/2)r),$$

soit

$$\text{Card } A_x \times (\beta/2)^n \leq (\alpha+\beta/2)^n$$

et ceci prouve (B.12).

4. La fonction ψ_i est C^∞ sur $\mathbf{R}^n$, $0 \leq \psi_i \leq 1$ et supp $\psi_i \subset B'(a_i; \gamma\delta r_i)$, d'où supp $\psi_i \subset \Omega_i = B(a_i; \gamma r_i)$. La somme $\psi = \sum_{i \in I} \psi_i$ est localement finie d'après (B.12), donc définit une fonction C^∞ sur $\mathbf{R}^n$. Pour tout $x \in \Omega$, il existe $i \in I$ tel que $x \in B(a_i; \gamma^2 r_i)$, d'où $\|(x - a_i)/\gamma r_i\| < \gamma$ et par conséquent $\psi_i(x) = 1$; ceci prouve que $\psi \geq 1$ sur Ω. On en déduit que les fonctions φ_i sont bien définies sur Ω et de classe C^∞ ; on a évidemment supp $\varphi_i \subset \Omega_i$, $0 \leq \varphi_i \leq 1$ et $\sum_{i \in I} \varphi_i = 1$ sur Ω.

Vérifions (B.17). On a $|D^\alpha \psi_i(x)| \leq c_\alpha r_i^{-|\alpha|}$ et, pour $x \in \Omega_i$, $d(x, F) \leq (1+\gamma) r_i$, d'où une inégalité de la forme $|D^\alpha \psi_i(x)| \leq c_\alpha d(x, F)^{-|\alpha|}$ pour tout $x \in \Omega$. On a une estimation analogue pour ψ d'après (B.12). On vérifie alors (B.17) par récurrence sur $|\alpha|$. Pour $\alpha = 0$, $0 \leq \varphi_i \leq 1$, et on conclut grâce à la formule

$$\psi D^\alpha \varphi_i = D^\alpha \psi_i - \sum_{\substack{\beta \leq \alpha \\ \beta \neq \alpha}} \binom{\alpha}{\beta} D^{\alpha - \beta} \psi \, D^\beta \varphi_i.$$

5,a. Posons $T \equiv D^\alpha T_a^k(x) - D^\alpha T_b^k(x)$, on a

$$T = \sum_{|\beta| \leq k - |\alpha|} f_{\alpha+\beta}(a) \frac{(x-a)^\beta}{\beta!} - \sum_{|\gamma| \leq k - |\alpha|} f_{\alpha+\gamma}(b) \frac{(x-b)^\gamma}{\gamma!}$$

et

$$\frac{(x-b)^\gamma}{\gamma!} = \sum_{\beta \leq \gamma} \frac{(x-a)^\beta}{\beta!} \frac{(a-b)^{\gamma-\beta}}{(\gamma-\beta)!},$$

d'où

$$\begin{aligned} T &= \sum_{|\beta| \leq k - |\alpha|} \frac{(x-a)^\beta}{\beta!} \left[f_{\alpha+\beta}(a) - \sum_{\substack{|\gamma| \leq k - |\alpha| \\ \gamma \geq \beta}} f_{\alpha+\gamma}(b) \frac{(a-b)^{\gamma-\beta}}{(\gamma-\beta)!} \right] \\ &= \sum_{|\beta| \leq k - |\alpha|} \frac{(x-a)^\beta}{\beta!} \left[f_{\alpha+\beta}(a) - \sum_{|\gamma| \leq k - |\alpha+\beta|} f_{\alpha+\beta+\gamma}(b) \frac{(a-b)^\gamma}{\gamma!} \right], \end{aligned}$$

ce qui prouve le résultat voulu.

5,b. On a d'après 4.

$$f(x) - T_a^k(x) = \sum_{i \in I} \varphi_i(x) [T_{b_i}^k(x) - T_a^k(x)] \text{ pour } x \in \Omega,$$

d'où

$$D^\alpha f(x) - D^\alpha T_a^k(x) = \sum_{\beta\leq\alpha}\sum_{i\in I}\binom{\alpha}{\beta} D^\beta \varphi_i(x)[D^{\alpha-\beta}T_{b_i}^k(x) - D^{\alpha-\beta}T_a^k(x)].$$

Lorsque $\beta = 0$, il s'agit de majorer

$$\sum_{i\in I}\varphi_i(x)[D^\alpha T_{b_i}^k(x) - D^\alpha T_a^k(x)].$$

D'après (B.12), il suffit de chaque majorer chaque terme

$$\varphi_i(x)[D^\alpha T_{b_i}^k(x) - D^\alpha T_a^k(x)];$$

on peut donc supposer $x \in \Omega_i$ et, vu que $0 \leq \varphi_i \leq 1$, on est ramené à majorer à

$$A \equiv D^\alpha T_a^k(x) - D^\alpha T_{b_i}^k(x) = \sum_{|\gamma|\leq k-|\alpha|}\frac{(x-a)^\gamma}{\gamma!}R_{\alpha+\gamma}^k(a,b_i).$$

On a $\|x-b_i\| \leq (1+\gamma)r_i$, $(1-\gamma)r_i \leq d(x,F) \leq \|x-a\|$, d'où

$$\|x-b_i\| \leq (1+\gamma)/(1-\gamma)\,\|x-a\| \text{ et } \|b_i-a\| \leq 2/(1-\gamma)\,\|x-a\|.$$

Soit $\varepsilon > 0$, il en résulte qu'il existe $\delta > 0$ tel que pour $\|x-a\| \leq \delta$

$$|R_{\alpha+\gamma}^k(a,b_i)| \leq \varepsilon\,\|a-b_i\|^{k-|\alpha+\gamma|}.$$

On en déduit une constante $c > 0$ telle que, pour $\|x-a\| \leq \delta$,

$$\left|\frac{(x-a)^\gamma}{\gamma!}R_{\alpha+\gamma}^k(a,b_i)\right| \leq c\,\varepsilon\,\|x-a\|^{k-|\alpha|}$$

et ceci prouve le résultat voulu pour le terme $\beta = 0$.

Lorsque $\beta > 0$, on a $\sum_{i\in I} D^\beta\varphi_i(x) = 0$ pour $x \in \Omega$ et il en résulte que

$$\left\{\begin{aligned}&\sum_{i\in I}D^\beta\varphi_i(x)[D^{\alpha-\beta}T_{b_i}^k(x) - D^{\alpha-\beta}T_a^k(x)]\\ &\qquad = \sum_{i\in I}D^\beta\varphi_i(x)[D^{\alpha-\beta}T_{b_i}^k(x) - D^{\alpha-\beta}T_b^k(x)]\end{aligned}\right.$$

pour tout $b \in F$. On choisit $b \in F$ tel que $\|x-b\| = d(x,F)$. Étant donné que $|D^\beta\varphi_i(x)| \leq c\,d(x,F)^{-|\beta|}$, il s'agit de majorer

$$B \equiv D^{\alpha-\beta}T^k_{b_i}(x) - D^{\alpha-\beta}T^k_b(x) = \sum_{|\gamma|\leq k-|\alpha|+|\beta|} \frac{(x-b_i)^\gamma}{\gamma!} R^k_{\alpha-\beta+\gamma}(b_i, b)$$

lorsque $x \in \Omega_i$. Or $\|x - b_i\| \leq \big((1+\gamma)/(1-\gamma)\big)\, d(x, F)$, d'où

$$|(x-b_i)^\gamma| \leq c\, d(x, F)^{|\gamma|}.$$

On a d'autre part

$$\|b - a\| \leq \|x - b\| + \|x - a\| \leq 2\,\|x - a\|$$

et

$$\|b_i - a\| \leq 2/(1-\gamma)\,\|x - a\|.$$

On en déduit un $\delta > 0$ tel que, pour $\|x - a\| \leq \delta$

$$|R^k_{\alpha-\beta+\gamma}(b_i, b)| \leq \varepsilon\,\|b - b_i\|^{k-|\alpha|+|\beta|-|\gamma|}$$

où $\|b - b_i\| \leq \|x - b\| + \|x - b_i\| \leq 2/(1-\gamma)\, d(x, F)$. Il existe donc une constante $c > 0$ telle que, pour $\|x - a\| \leq \delta$,

$$|B| \leq c\,\varepsilon\, d(x, F)^{k-|\alpha|+|\beta|}$$

et ceci permet de conclure vu que $d(x, F) \leq \|x - a\|$.

5,c. Lorsque $a \in \Omega$, pour vérifier (B.10) on peut supposer $x \in \Omega$ et (B.10) s'écrit alors

$$D^\alpha f(x) - \sum_{|\beta|\leq k-|\alpha|} D^{\alpha+\beta} f(a)\, \frac{(x-a)^\beta}{\beta!} = o(\|x - a\|^{k-|\alpha|});$$

il ne s'agit en fait que de la formule de Taylor pour la fonction $f|_\Omega$ qui est $\mathcal{C}^\infty$.

Si a appartient à F, (B.10) résulte de (B.9) lorsque $x \in F$ et lorsque $x \in \Omega$, il s'agit de la question b. précédente.

D'après 2., ceci prouve que la fonction f est de classe $\mathcal{C}^k$ sur $\mathbf{R}^n$ et que $D^\alpha f|_F = f_\alpha$ pour tout $|\alpha| \leq k$.

6. On reprend le raisonnement de 5,b. Lorsque $\beta = 0$, il s'agit de majorer pour $x \in \Omega_i$

$$A' \equiv D^\alpha T^k_a(x) - D^\alpha T^{k_i}_{b_i}(x).$$

On cherche a priori $0 < \delta \leq (1-\gamma)\rho_k$: étant donné que $(1-\gamma)r_i \leq \|x-a\|$, lorsque $\|x-a\| \leq \delta$ on a $r_i \leq \rho_k$, d'où $k_i \geq k$. On peut alors écrire

$$\begin{aligned} A - A' &= D^\alpha T_{b_i}^{k_i}(x) - D^\alpha T_{b_i}^k(x) \\ &= \sum_{k-|\alpha|<|\beta|\leq k_i-|\alpha|} f_{\alpha+\beta}(b_i)\,\frac{(x-b_i)^\beta}{\beta!}, \end{aligned}$$

d'où $|A-A'| \leq c\,\|x-b_i\|^{k+1-|\alpha|}$ et vu que $\|x-b_i\| \leq (1+\gamma)/(1-\gamma)\,\|x-a\|$, on en déduit que $|A-A'| \leq c\,\delta\,\|x-a\|^{k-|\alpha|}$, ce qui donne le résultat voulu dans ce cas.

Lorsque $\beta > 0$, il s'agit de majorer

$$B' \equiv D^{\alpha-\beta}T_{b_i}^{k_i}(x) - D^{\alpha-\beta}T_b^k(x)$$

et

$$B' - B = D^{\alpha-\beta}T_{b_i}^{k_i}(x) - D^{\alpha-\beta}T_{b_i}^k(x),$$

d'où

$$|B'-B| \leq c\,\|x-b_i\|^{k+1-|\alpha|+|\beta|} \leq c\,\delta\,d(x,F)^{k-|\alpha|+|\beta|},$$

ce qui permet de conclure.

Le raisonnement de 5,c. prouve que f est de classe $\mathcal{C}^k$ et que $D^\alpha f|_F = f_\alpha$ pour tout $|\alpha| \leq k$ et, ceci valant quel que soit k, on obtient le résultat voulu.

CHAPITRE C

Théorème des fonctions implicites

EXERCICES DE NIVEAU ÉLÉMENTAIRE

EXERCICE C1

Soient E un espace de Banach, Ω un ouvert convexe de E et $f : \Omega \to E$ une application de classe $\mathcal{C}^k$, $1 \leq k \leq \infty$, telle que $\|Df(x)\| \leq c$ pour tout $x \in \Omega$ où $0 \leq c < 1$. Montrer que $I_E - f$ est un $\mathcal{C}^k$-difféomorphisme de Ω sur son image.

EXERCICE C2

Soient E un espace de Hilbert réel et $f : E \to E$ une fonction de classe $\mathcal{C}^1$ telle que

$$(Df(x).h|h) \geq c\,\|h\|^2 \text{ pour tout } x, h \in E$$

où c est une constante > 0.

1. Montrer que f est un difféomorphisme local [utiliser le lemme de Lax-Milgram [W1, proposition 3.34.1]].

2,a. Montrer que

$$\big(f(x) - f(y) \;\big|\; x - y\big) \geq c\,\|x - y\|^2 \text{ pour tout } x, y \in E$$

[utiliser le théorème des accroissements finis] et en déduire que

$$\|f(x) - f(y)\| \geq c\,\|x - y\| \text{ pour tout } x, y \in E.$$

b. En déduire que f est injectif et que $f(E)$ est fermé.

3. Montrer que f est un difféomorphisme de E sur E.

EXERCICE C3

Soient Ω un ouvert d'un espace normé et $f : \Omega \to \mathbf{R}$ une fonction convexe et différentiable. Si $a \in \Omega$ est un point critique de f, montrer que a est un minimum absolu de f [utiliser l'exercice B9].

EXERCICE C4

Soient Ω un ouvert d'un espace normé E et $f : \Omega \to \mathbf{R}$ une application k-fois différentiable où k est un entier ≥ 2. Soit $a \in \Omega$ un point critique de f tel que $D^j f(a) = 0$ pour $1 \leq j \leq k-1$ et $D^k f(a) \neq 0$.

1. Si a est un minimum relatif, alors k est pair et $D^k f(a).x^k \geq 0$ pour tout $x \in E$ [écrire la formule de Taylor pour la fonction $t \mapsto f(a+tx)$]

2. S'il existe $c > 0$ tel que $D^k f(a).x^k \geq c\,\|x\|^k$ pour tout $x \in E$, alors k est pair et a est un minimum relatif strict.

3. Lorsque E est de dimension finie, montrer que la condition de 2. équivaut à $D^k f(a).x^k > 0$ pour tout $x \in E - \{0\}$.

Note Lorsque $k = 2$, cette dernière condition signifie que la forme bilinéaire $D^2 f(a)$ est définie positive : on dit alors que a est un point critique non dégénéré.

EXERCICE C5

On considère dans $\mathbf{R}^n$ l'ouvert $\Omega = \{x \in \mathbf{R}^n\,;\, x_j > 0 \text{ pour tout } j\}$ et la fonction $f : \Omega \to \mathbf{R}$ définie par la formule $f(x) = x^\alpha$ où $x = (x_1, \ldots, x_n)$, $\alpha = (\alpha_1, \ldots, \alpha_n)$, les α_j sont des réels > 0 donnés et $x^\alpha = x_1^{\alpha_1} \times \ldots \times x_n^{\alpha_n}$.

1. Étudier les extremum de f liés par la relation $\sum_{j=1}^n x_j = 1$.

2. En déduire que

$$(x_1 \times \ldots \times x_n)^{1/n} \leq \frac{x_1 + \ldots + x_n}{n} \quad \text{pour tout } x_j \geq 0$$

(la moyenne géométrique est plus petite que la moyenne arithmétique).

CORRIGÉ DES EXERCICES DE NIVEAU ÉLÉMENTAIRE

EXERCICE C1

Posons $g = I_E - f$, alors $Dg(x) = I_E - Df(x)$ est un isomorphisme de E sur E d'après la proposition 3.19.6 de [W1] ; d'après le théorème d'inversion locale, g est un $\mathcal{C}^k$-difféomorphisme local. D'après le théorème des accroissements finis, f est une contraction stricte ; il en résulte que g est injectif et la proposition 1.12.5 de [W2] montre alors que g est un $\mathcal{C}^k$-difféomorphisme.

EXERCICE C2

1. D'après la proposition 3.34.1 de [W1], $Df(x)$ est un isomorphisme de E pour tout $x \in E$; f est donc un difféomorphisme local.

2,a. Considérons la fonction d'une variable réelle

$$\varphi : t \mapsto \big(f(tx + (1-t)y) \mid x - y\big) ;$$

cette fonction est de classe $\mathcal{C}^1$ et

$$\varphi'(t) = \big(Df(tx + (1-t)y).(x-y) \mid x - y\big) \geq c\,\|x - y\|^2.$$

On en déduit que la fonction $t \mapsto \varphi(t) - ct\,\|x - y\|^2$ est croissante, d'où $\varphi(1) - \varphi(0) \geq c\,\|x - y\|^2$, soit

$$\big(f(x) - f(y) \mid x - y\big) \geq c\,\|x - y\|^2 \text{ pour tout } x, y \in E.$$

D'après l'inégalité de Cauchy-Schwarz, on en déduit

$$c\,\|x - y\|^2 \leq \|f(x) - f(y)\|\,\|x - y\|,$$

d'où $c\,\|x - y\| \leq \|f(x) - f(y)\|$.

2,b. Cette inégalité montre que f est injective. Vérifions ensuite que $f(E)$ est fermé. Soit (x_n) une suite de E telle que la suite $\big(f(x_n)\big)$ converge ; notons y la limite de cette suite. L'inégalité $c\,\|x_p - x_q\| \leq \|f(x_p) - f(x_q)\|$ montre que la suite (x_n) est de Cauchy ; elle est donc convergente et, si x est sa limite, on a $y = \lim_{n\to\infty} f(x_n) = f(x)$ et ceci prouve que y appartient à $f(E)$ qui est donc bien fermé.

3. Le difféomorphisme local f étant injectif est un difféomorphisme de E sur $f(E)$ et $f(E)$ est un ouvert de E ; $f(E)$ étant fermé, on en déduit que $f(E) = E$ (E est connexe !) et ceci prouve le résultat voulu.

EXERCICE C3

D'après la formule (B.3), on a en effet $f(x) - f(a) \geq Df(a).(x - a)$ pour tout $x \in \Omega$, c'est-à-dire $f(a) \leq f(x)$.

EXERCICE C4

1. La fonction $g : t \mapsto f(a+tx)$ est définie au voisinage au $t=0$ et, d'après la formule de Taylor, on a

$$g(t)-g(0)=D^k f(a).x^k\,\frac{t^k}{k!}+o(|t|^k).$$

Si $D^k f(a).x^k$ est non nul, $g(t)-g(0)$ est du signe de $D^k f(a).x^k\,t^k$ dès que t est suffisamment petit. Si a est un minimum relatif, on a donc $D^k f(a).x^k\,t^k \geq 0$ pour t petit. Il en résulte que k est pair car, $D^k f(a)$ étant différent de 0, il existe x tel que $D^k f(a).x^k \neq 0$ d'après l'exercice B5 ; on en déduit que $D^k f(a).x^k \geq 0$.

2. En changeant x en $-x$, on constate d'abord que k est nécessairement pair. On a

$$f(a+x)=f(a)+\frac{1}{k!}\,D^k f(a).x^k+o(\|x\|^k),$$

d'où

$$f(a+x)\geq f(a)+\frac{c}{k!}\,\|x\|^k+o(\|x\|^k)$$

et il en résulte que $f(a+x)>f(a)$ si $\|x\|$ est assez petit, ce qui prouve que a est un minimum relatif strict.

3. Lorsque E est de dimension finie, supposons $D^k f(a).x^k > 0$ pour tout $x \in E-\{0\}$. La boule unité de E étant compacte, il existe une constante $c>0$ telle que $D^k f(a).x^k \geq c$ pour $\|x\|\leq 1$, d'où

$$D^k f(a).x^k \geq c\,\|x\|^k \text{ pour tout } x$$

par homogénéité.

EXERCICE C5

1. On pose

$$\varphi(x)=x^\alpha+\lambda\Big(\sum_{j=1}^{n} x_j-1\Big) \text{ où } \lambda\in\mathbf{R}.$$

D'après le corollaire 1.13.3 de [W2], les points critiques de l'extremum lié s'obtiennent en résolvant le système d'équations $D_j\varphi(x)=0$, $1\leq j\leq n$, c'est-à-dire

$$\begin{cases} \alpha_j\,x^\alpha+\lambda\,x_j=0,\ 1\leq j\leq n,\\ \sum_{j=1}^n x_j=1. \end{cases}$$

En sommant les premières équations, on obtient $\lambda = -|\alpha|\, x^\alpha$ où $|\alpha| = \sum_{j=1}^n \alpha_j$ et, par conséquent, $x_j = \alpha_j/|\alpha|$. On observera que le multiplicateur de Lagrange λ est unique, le corollaire 1.13.3 de [W2] est donc applicable et fournit un seul point critique de l'extremum lié. La fonction f étant nulle sur la frontière de Ω et étant positive dans Ω, il s'agit en fait d'un maximum absolu. En posant $S = \{x \in \Omega\,;\, \sum_{j=1}^n x_j = 1\}$, on vérifie alors que

$$\max_S f = \frac{\alpha^\alpha}{|\alpha|^{|\alpha|}}.$$

2. Prenons $\alpha_j = 1/n$, on a alors $\alpha^\alpha = 1/n$ et $|\alpha| = 1$, d'où $(x_1 \times \ldots \times x_n)^{1/n} \leq 1/n$ sur S. En remplaçant x_j par $x_j/\sum_{j=1}^n x_j$, on obtient l'inégalité voulue

$$(x_1 \times \ldots \times x_n)^{1/n} \leq \frac{x_1 + \ldots + x_n}{n} \text{ pour tout } x_j \geq 0.$$

PROBLÈME

PROBLÈME C1 (un théorème d'inversion globale)

Ce problème a pour objet de démontrer le théorème suivant : soient E et F des espaces de Banach, $f : E \to F$ une application de classe $\mathcal{C}^1$ telle que, pour tout $x \in E$, $Df(x)$ soit un isomorphisme de E sur F ; on suppose en outre qu'il existe une constante $c \geq 0$ telle que $\|(Df(x))^{-1}\| \leq c$ pour tout $x \in E$. Alors, f est un $\mathcal{C}^1$-difféomorphisme de E sur F.

D'après la proposition 1.12.5 de [W2], il s'agit de démontrer que f est une bijection de E sur F.

1. Soient $\delta, \delta' : [a,b] \to E$ deux applications continues telles que $f \circ \delta = f \circ \delta'$, s'il existe un $t \in [a,b]$ tel que $\delta(t) = \delta'(t)$ montrer que $\delta(t) = \delta'(t)$ pour tout $t \in [a,b]$ [considérer l'ensemble T des $t \in [a,b]$ tels que $\delta(t) = \delta'(t)$].

2. Soit $a \in E$ et soit $\gamma : I \to F$, $I = [0,1]$, un chemin de classe $\mathcal{C}^1$ tel que $\gamma(0) = f(a)$, on se propose de vérifier qu'il existe un unique chemin $\delta : I \to E$ tel que $\delta(0) = a$ et $f \circ \delta = \gamma$; en outre, δ est de classe $\mathcal{C}^1$. A cet effet, on note J l'ensemble des $\xi \in I$ tels qu'il existe une application continue $\delta_\xi : [0,\xi] \to E$ vérifiant

$$\text{(C.1)} \qquad \delta_\xi(0) = a \text{ et } f(\delta_\xi(t)) = \gamma(t) \text{ pour tout } 0 \leq t \leq \xi.$$

a. Soit $\xi \in J$, montrer que δ_ξ est de classe $\mathcal{C}^1$.

b. Montrer que J est un intervalle de la forme $[0,\alpha|$ où $0 < \alpha \le 1$ [pour montrer que $\alpha > 0$, utiliser le théorème d'inversion locale].

c. L'intervalle J est fermé, c'est-à-dire $J = [0,\alpha]$ [si $0 \le t < \alpha$, poser $\delta(t) = \delta_\xi(t)$ où $t \le \xi < \alpha$, remarquer que $\delta : [0,\alpha[\to E$ est de classe $\mathcal{C}^1$ et que sa dérivée est bornée; utiliser alors le théorème 2.25.2 de [W1] de prolongement des applications uniformément continues].

d. Vérifier que $J = [0,1]$ [si $\alpha < 1$, prolonger δ au-delà de α en utilisant le théorème d'inversion locale].

3. En déduire que f est surjectif [soit $y \in F$, utiliser 2. en prenant pour chemin γ le chemin $t \mapsto (1-t)f(a) + ty$].

4. Soient $a \in E$, $H : I^2 \to F$ une application de classe $\mathcal{C}^1$ telle que $H(0,0) = f(a)$. On note $G : I \to E$ l'unique application continue telle que $G(0) = a$ et $f\big(G(s)\big) = H(s,0)$ puis, pour chaque $s \in I$, $G(s,\bullet) : I \to E$ l'unique application continue telle que

$$G(s,0) = G(s) \text{ et } f\big(G(s,t)\big) = H(s,t) \text{ pour tout } t \in I.$$

On construit ainsi une application $G : I^2 \to E$ telle que $G(0,0) = a$ et $f \circ G = H$.

a. Montrer que l'application G est continue [si J désigne l'ensemble des $\tau \in I$ tels que la restriction de G à $[0,1] \times [0,\tau]$ soit continue, vérifier que J est de la forme $[0,\beta]$, puis que $\beta = 1$].

b. En déduire l'injectivité de f [soient $a, b \in E$ tels que $y = f(a) = f(b)$, on pose $\gamma(t) = (1-t)a + tb$, $H(s,t) = sy + (1-s)f(\gamma(t))$ et $G : I^2 \to E$ l'application associée à H, vérifier que $f\big(G(s,1)\big) = y$ pour tout $s \in I$ et en déduire une contradiction si $a \ne b$].

CORRIGÉ DU PROBLÈME

PROBLÈME C1

1. L'ensemble T est non vide par hypothèse et fermé d'après la continuité des fonctions δ et δ'. Montrons qu'il est ouvert dans $[a,b]$. Soit $t_0 \in T$, posons $x_0 = \delta(t_0) = \delta'(t_0)$; d'après le théorème d'inversion locale, il existe un voisinage ouvert $A \times B$ de $\big(x_0, f(x_0)\big)$ tel que $f|_A$ soit un difféomorphisme de A sur B et il existe $\varepsilon > 0$ tel que $\delta(t) \in A$ et $\delta'(t) \in A$ pour $t \in [a,b]$, $|t - t_0| \le \varepsilon$. Étant donné que $f\big(\delta(t)\big) = f\big(\delta'(t)\big)$, on en déduit que $\delta(t) = \delta'(t)$ pour de tels t. Ceci prouve que T est ouvert et par conséquent $T = [a,b]$.

2,a. Le fait que δ_ξ est de classe $\mathcal{C}^1$ résulte du théorème d'inversion locale. En effet, soit $t_0 \in [0,\xi]$ et soit $x_0 = \delta_\xi(t_0)$; comme précédemment, il existe un voisinage ouvert $A \times B$ de $\big(x_0, f(x_0)\big)$ tel que $f|_A$ soit un difféomorphisme de A sur B et il existe $\varepsilon > 0$ tel que $\delta_\xi(t) \in A$ pour $t \in [0,\xi]$, $|t - t_0| \leq \varepsilon$. Pour de tels t, on a alors $\delta_\xi(t) = \big(f|_A\big)^{-1}\big(\gamma(t)\big)$, formule qui prouve que δ_ξ est de classe $\mathcal{C}^1$ au voisinage de t_0.

2,b. Il est clair que J est un intervalle de la forme $[0,\alpha|$; montrons que $\alpha > 0$. D'après le théorème d'inversion locale, il existe un voisinage ouvert $A \times B$ de $\big(a, f(a)\big)$ tel que $f|_A$ soit un difféomorphisme de A sur B et il existe $\beta > 0$ tel que $\gamma(t) \in B$ pour $0 \leq t \leq \beta$; on pose alors $\delta_\beta(t) = \big(f|_A\big)^{-1}\big(\gamma(t)\big)$ pour $0 \leq t \leq \beta$, ce qui prouve que $\alpha \geq \beta > 0$.

2,c. La fonction $\delta : [0,\alpha[\to E$ est bien définie d'après 1. et elle est de classe $\mathcal{C}^1$. Étant donné que $f\big(\delta(t)\big) = \gamma(t)$, on a $Df\big(\delta(t)\big).\delta'(t) = \gamma'(t)$, d'où $\delta'(t) = Df\big(\delta(t)\big)^{-1}.\gamma'(t)$ et $\|\delta'(t)\| \leq c\,\|\gamma'(t)\|$; la fonction γ étant de classe $\mathcal{C}^1$, γ' est borné et il est en de même de δ' ; d'après le théorème des accroissements finis, δ est lipschitzienne, donc uniformément continue. D'après le théorème 2.25.2 de [W1], la fonction δ se prolonge en une fonction continue sur $[0,\alpha]$ que nous notons encore δ. D'après le principe du prolongement des identités, on a $f\big(\delta(t)\big) = \gamma(t)$ pour tout $0 \leq t \leq \alpha$ et ceci prouve que $\alpha \in J$.

2,d. Supposons $0 < \alpha < 1$, alors il existe un voisinage ouvert $A \times B$ de $\big(\delta(\alpha), f(\delta(\alpha))\big)$ tel que $f|_A$ soit un difféomorphisme de A sur B ; il existe $0 < \varepsilon \leq 1 - \alpha$ tel que $\gamma(t) \in B$ pour $t \in I$, $|t - \alpha| \leq \varepsilon$ et en posant $\delta(t) = \big(f|_A\big)^{-1}\big(\gamma(t)\big)$ on prolonge δ sur l'intervalle $[0, \alpha + \varepsilon]$, ce qui contredit la définition de α.

3. D'après 2., il existe une application continue $\delta : I \to E$ telle que $f\big(\delta(t)\big) = \gamma(t)$ pour tout $t \in I$ et en particulier $f\big(\delta(1)\big) = \gamma(1) = y$, ce qui prouve que f est surjectif.

4,a. Il est clair que J est un intervalle de la forme $[0,\beta|$ où $0 \leq \beta \leq 1$. Montrons que cet intervalle est fermé, c'est-à-dire que $J = [0,\beta]$.

A cet effet, on observe que G est de classe $\mathcal{C}^1$ sur l'ouvert $]0,1[\times]0,\beta[$. En effet, soit $(s_0,t_0) \in]0,1[\times]0,\beta[$, il existe un voisinage ouvert $A \times B$ de $\big(G(s_0,t_0), H(s_0,t_0)\big)$ tel que $f|_A$ soit un difféomorphisme de A sur B et il existe un voisinage ouvert $\Omega \subset]0,1[\times]0,\beta[$ de (s_0,t_0) tel que $G(s,t) \in A$ pour $(s,t) \in \Omega$, d'où $G(s,t) = \big(f|_A\big)^{-1}\big(H(s,t)\big)$ pour $(s,t) \in \Omega$, ce qui montre que G est de classe $\mathcal{C}^1$ au voisinage de (s_0, t_0). On a alors

$$\frac{\partial G}{\partial s}(s,t) = \Big(Df\big(G(s,t)\big)\Big)^{-1}.\frac{\partial H}{\partial s}(s,t)$$

et

$$\frac{\partial G}{\partial t}(s,t) = \Big(Df\big(G(s,t)\big)\Big)^{-1}.\frac{\partial H}{\partial t}(s,t).$$

Il en résulte que les fonctions $\partial G/\partial s$ et $\partial G/\partial t$ sont bornées sur $]0,1[\times]0,\beta[$ et, comme dans la question 2,c., on en déduit que G se prolonge en une fonction continue sur $[0,1]\times[0,\beta]$; ce prolongement ne peut être que G vu la continuité, pour tout $s \in I$, de la fonction $t \mapsto G(s,t)$.

Montrons ensuite que $\beta = 1$. Supposons $0 \le \beta < 1$. Nous allons vérifier que, pour chaque $s_0 \in I$, la fonction G est continue dans un voisinage de (s_0, β). En utilisant la compacité de I, ceci prouvera l'existence d'un $\beta' > \beta$ tel que $\beta' \in J$, ce qui contredit la définition de β.

Il existe un voisinage ouvert $A \times B$ de $\big(G(s_0,\beta), H(s_0,\beta)\big)$ tel que $f|_A$ soit un difféomorphisme de A sur B. Pour tout $\varepsilon > 0$, posons

$$U_\varepsilon = \{s \in I\,;\, |s - s_0| \le \varepsilon\} \text{ et } V_\varepsilon = \{t \in I\,;\, |t - t_0| \le \varepsilon\}\,;$$

il existe $\varepsilon > 0$ tel que, pour $(s,t) \in U_\varepsilon \times V_\varepsilon$, $H(s,t) \in B$. Posons

$$G'(s,t) = (f|_A)^{-1}\big(H(s,t)\big)$$

et montrons que $G = G'$ sur $U_\varepsilon \times V_\varepsilon$. On observe d'abord que $G(s_0,\beta) = G'(s_0,\beta)$ d'après le choix de $A \times B$, puis que $G(s,\beta) = G'(s,\beta)$ pour $s \in U_\varepsilon$ d'après l'unicité qu'affirme 1. et, d'après le même argument, que pour chaque $s \in U_\varepsilon$, $G(s,t) = G'(s,t)$ pour tout $t \in V_\varepsilon$, ce qui permet de conclure.

4,b. On a $H(s,0) = y = f(a)$; d'après 1. on a donc nécessairement $G(s,0) = G(s) = a$. On a $H(0,t) = f\big(\gamma(t)\big)$ et $H(1,t) = y = f(a)$, d'où $G(0,t) = \gamma(t)$ et $G(1,t) = a$. Il en résulte que $s \mapsto G(s,1)$ est un chemin joignant les points b et a et, sur ce chemin, on a $f(G(s,1)) = y$. Si a est différent de b, ceci contredit le fait que f est un difféomorphisme local, donc doit être injectif dans un voisinage du point a.

CHAPITRE D

Variété

EXERCICES DE NIVEAU ÉLÉMENTAIRE

EXERCICE D1

Soit X une variété dénombrable à l'infini [W1, exercice 2.35.10].

1. Montrer que X admet un atlas dénombrable et en déduire que X admet une base de topologie dénombrable.

2. Montrer que la topologie de X est métrisable [utiliser l'exercice 2.36.8 de [W1]].

3. Montrer que tout sous-espace localement compact de X est dénombrable à l'infini. En particulier, toute sous-variété de X est dénombrable à l'infini.

EXERCICE D2

Soient X, Y des variétés, $f, g : X \to Y$ des applications de classe $\mathcal{C}^1$.

1. On suppose que $T_x f = T_x g$ pour tout $x \in X$, montrer que l'ensemble $A = \{x \in X;\ f(x) = g(x)\}$ est à la fois ouvert et fermé. Si X est connexe et s'il existe un point $a \in X$ tel que $f(a) = g(a)$, en déduire que $f = g$.

2. Si $T_x f = 0$ pour tout $x \in X$, montrer que f est constante lorsque X est connexe.

EXERCICE D3

Soient X une variété et $f : X \to \mathbf{R}$ une fonction de classe $\mathcal{C}^1$.

1. Si $a \in X$ est un extremum relatif de f, montrer que $T_a f = 0$.

Un point $a \in X$ tel que $T_a f = 0$ est appelé un point critique de f.

2. On suppose f de classe $\mathcal{C}^2$. Soient $a \in X$ un point critique de f, (U, φ) une carte au point a et $F = f \circ \varphi^{-1}$ la représentation locale de f dans cette carte. Soient $v \in T_a X$ un vecteur tangent et $\gamma :]-\varepsilon, \varepsilon[\to X$ un chemin de classe $\mathcal{C}^2$ tel que $\gamma(0) = a$ et $\varphi_*(v) = D(\varphi \circ \gamma)(0)$.

a. On pose $g = f \circ \gamma$, montrer que

$$D^2 g(0) = D^2 F\big(\varphi(a)\big).\big(\varphi_*(v), \varphi_*(v)\big)$$

et en déduire qu'on peut définir une forme bilinéaire symétrique sur $T_a X$, appelée hessienne de f au point a et notée $\mathrm{Hess}_a(f)$, par la formule

$$\text{(D.1)} \quad \mathrm{Hess}_a(f).(v, w) = D^2 F\big(\varphi(a)\big).\big(\varphi_*(v), \varphi_*(w)\big), \; v, w \in T_a X.$$

b. Si la forme $\mathrm{Hess}_a(f)$ est définie positive, montrer que a est un minimum relatif strict [utiliser l'exercice C4].

EXERCICE D4

Soient X, Y des variétés et $f : X \to Y$ une application de classe $\mathcal{C}^1$ localement de rang constant : ceci signifie que, pour tout $a \in X$, il existe un voisinage ouvert U de a tel que l'application $x \mapsto \mathrm{rg}_x f$ soit constante sur U. Si X est connexe, montrer que f est de rang constant.

EXERCICE D5

Montrer que toute submersion est une application ouverte [utiliser le théorème du rang constant].

EXERCICE D6

Soit $f : X \to Y$ une submersion, montrer que, pour tout $a \in X$, il existe un voisinage ouvert O du point $b = f(a)$ et une immersion $g : O \to X$ telle que $f \circ g = I_O$ [utiliser le théorème du rang constant].

EXERCICE D7

1. Soient $v, w : X \to TX$ deux champs de vecteurs de classe $\mathcal{C}^1$ et $f, g : X \to \mathbf{K}$ deux fonctions de classe $\mathcal{C}^1$, montrer que

$$[fv, gw] = fg[v, w] + (f\mathcal{L}_v g)w - (g\mathcal{L}_w f)v.$$

2. Soient $u, v, w : X \to TX$ des champs de vecteurs de classe $\mathcal{C}^2$, vérifier l'identité, dite de Jacobi,

$$[[u, v], w] + [[v, w], u] + [[w, u], v] = 0.$$

EXERCICE D8

Soient $f : X \to Y$ un difféomorphisme, $v : X \to TX$, $w : Y \to TY$ des champs de vecteurs et $g : Y \to \mathbf{K}$ une fonction de classe $\mathcal{C}^1$, montrer que

$$\left(\mathcal{L}_{f_*(v)} g\right) \circ f = \mathcal{L}_v(g \circ f) \text{ et } \mathcal{L}_{f^*(w)}(g \circ f) = \left(\mathcal{L}_w g\right) \circ f.$$

EXERCICE D9

Soient $f : X \to Y$ un difféomorphisme, $v, w : X \to TX$ des champs de vecteurs de classe $\mathcal{C}^1$, montrer que

$$f_*([v, w]) = [f_*(v), f_*(w)].$$

CORRIGÉ DES EXERCICES DE NIVEAU ÉLÉMENTAIRE

EXERCICE D1

1. L'espace X est la réunion d'une suite (K_p) de parties compactes. Pour chaque p, il existe une famille finie $\left((U_i, \varphi_i)\right)_{i \in I_p}$ de cartes telle que $K_p \subset \bigcup_{i \in I_p} U_i$; posons $I = \bigcup_{p=0}^{\infty} I_p$, alors $\mathcal{A} = \left((U_i, \varphi_i)\right)_{i \in I}$ est un atlas dénombrable de X. Chaque U_i homéomorphe à un ouvert de $\mathbf{K}^n$ admet une base de topologie dénombrable $\mathcal{B}_i$ et $\mathcal{B} = \bigcup_{i \in I} \mathcal{B}_i$ est alors une base dénombrable de la topologie de X.

2. La topologie de X est métrisable d'après l'exercice 2.36.8 de [W1].

3. Tout sous-espace de X admet une base de topologie dénombrable ; tout sous-espace localement compact de X est donc dénombrable à l'infini d'après le même exercice. Toute sous-variété de X étant localement compacte est donc dénombrable à l'infini.

EXERCICE D2

1. L'ensemble A est fermé d'après la continuité de f et g, l'espace Y étant séparé. Soient $a \in A$, $b = f(a) = g(a)$, il existe des cartes (U, φ) et

(V,ψ) aux points a et b ; si F et G sont les représentations locales de f et g dans ces cartes, on a $DF(x) = DG(x)$ pour tout x suffisamment voisin de $\varphi(a)$; il en résulte que $F = G$ au voisinage de ce point $\varphi(a)$, d'où $f = g$ au voisinage de a et ceci prouve que A est ouvert.

Si X est connexe et s'il existe $a \in X$ tel que $f(a) = g(a)$, A est non vide et par suite $A = X$, ce qui prouve que $f = g$.

2. résulte de 1. en prenant pour fonction g la fonction constante $x \mapsto f(a)$ où a est un point de X.

EXERCICE D3

1. Soit (U,φ) une carte au point a, alors la fonction $F = f\circ\varphi^{-1}$ admet un extremum au point $\varphi(a)$, d'où $DF\big(\varphi(a)\big) = 0$ et $T_af = 0$.

2,a. On a $g = F\circ(\varphi\circ\gamma)$, d'où $Dg(t) = DF\big((\varphi\circ\gamma)(t)\big).D(\varphi\circ\gamma)(t)$ et

$$D^2g(t) = D^2F\big((\varphi\circ\gamma)(t)\big).\big(D(\varphi\circ\gamma)(t), D(\varphi\circ\gamma)(t)\big)$$
$$+DF\big((\varphi\circ\gamma)(t)\big).D^2(\varphi\circ\gamma)(t).$$

Vu que $DF\big((\varphi\circ\gamma)(0)\big) = DF\big(\varphi(a)\big) = 0$, on en déduit que

$$D^2g(0) = D^2F\big(\varphi(a)\big).\big(\varphi_*(v),\varphi_*(v)\big).$$

La définition de g, à savoir $g = f\circ\gamma$, montre que $D^2g(0)$ ne dépend que de f et γ et la formule précédente montre en fait que $D^2g(0)$ ne dépend que de v et non du choix de γ. Une forme bilinéaire symétrique étant déterminée par ses valeurs sur la diagonale (exercice B5), la formule (D.1) définit bien une forme bilinéaire symétrique sur l'espace tangent T_aX, l'expression $D^2F(\varphi(a)).\big(\varphi_*(v),\varphi_*(w)\big)$ ne dépendant pas du choix de la carte (U,φ).

Note On observera que la hessienne de f au point a n'est bien définie que si a est un point critique de f.

b. Si la hessienne de f au point a est définie positive, $D^2F\big(\varphi(a)\big)$ est une forme bilinéaire symétrique sur $\mathbf{R}^n$, $n = \dim X$, définie positive ; on en déduit (exercice C4) que $\varphi(a)$ est un minimum relatif strict de F, ce qui permet de conclure.

EXERCICE D4

Soit $a \in X$, posons $A = \{x \in X;\ \mathrm{rg}_x f = \mathrm{rg}_a f\}$. Il est clair que cet ensemble non vide est ouvert. D'autre part, soit $x \in \overline{A}$, alors il existe un voisinage ouvert U de x tel que $f|_U$ soit de rang constant et, vu que $U \cap A$ est non vide, $\mathrm{rg}_y f = \mathrm{rg}_a f$ pour tout $y \in U$ et en particulier pour $y = x$. Ceci prouve que A est fermé et, X étant connexe, on en déduit que $A = X$.

EXERCICE D5

Soient $f : X \to Y$ une submersion, $l = \dim X$, $m = \dim Y$, alors $m \leq l$. Soit O un ouvert de X, montrons que $f(O)$ est un ensemble ouvert, c'est-à-dire que, pour tout $a \in O$, $f(O)$ est un voisinage de $b = f(a)$. D'après le théorème du rang constant [W2, théorème 1.20.5], il existe des cartes (U, φ) et (V, ψ) aux points a et b telles que $\varphi(a) = 0$, $\psi(b) = 0$, $U \subset O$, $f(U) \subset V$ et

$$(\psi \circ f \circ \varphi^{-1})(x^1, \ldots, x^l) = (x^1, \ldots, x^m) \text{ pour tout } (x^1, \ldots, x^l) \in \varphi(U).$$

Les projections sur un espace produit étant ouvertes, si $F = \psi \circ f \circ \varphi^{-1}$, ceci montre que $F\big(\varphi(U)\big)$ est un ouvert de $\mathbf{K}^m$, donc de $\psi(V)$ et il en résulte que $f(U)$ est un ouvert de V, donc de Y. Par suite, $f(U)$ est un voisinage de b et, vu que $f(U) \subset f(O)$, a fortiori $f(O)$ est un voisinage de b.

EXERCICE D6

Posons $l = \dim X$, $m = \dim Y$, alors $m \leq l$. D'après le théorème du rang constant [W2, théorème 1.20.5], il existe des cartes (U, φ) et (V, ψ) aux points a et b telles que $\varphi(a) = 0$, $\psi(b) = 0$, $f(U) \subset V$ et

$$(\psi \circ f \circ \varphi^{-1})(x^1, \ldots, x^l) = (x^1, \ldots, x^m) \text{ pour tout } (x^1, \ldots, x^l) \in \varphi(U).$$

Posons $F = \psi \circ f \circ \varphi^{-1} : \varphi(U) \to \psi(V)$. Quitte à réduire U, on peut supposer $\varphi(U) = U_1 \times U_2$ où U_1 et U_2 sont des ouverts de $\mathbf{K}^m$ et $\mathbf{K}^{l-m}$. On considère la fonction $G : U_1 \to \varphi(U)$ définie par

$$G(x^1, \ldots, x^m) = (x^1, \ldots x^m, 0, \ldots, 0) \in \varphi(U) \subset \mathbf{K}^l.$$

On a $U_1 \subset \psi(V)$; on pose $O = \psi^{-1}(U_1)$; G est alors la représentation locale de la fonction $g = \varphi^{-1} \circ G \circ \psi : O \to U$; g est une immersion et on a évidemment $f \circ g = I_O$.

EXERCICE D7

1. Soit $h : X \to \mathbf{K}$ une fonction de classe $\mathcal{C}^\infty$, d'après les formules (1.24.6) de [W2] on a

$$\begin{aligned}
\mathcal{L}_{[fv,gw]}h &= \mathcal{L}_{fv}\mathcal{L}_{gw}h - \mathcal{L}_{gw}\mathcal{L}_{fv}h \\
&= f\mathcal{L}_v\big(g\mathcal{L}_w h\big) - g\mathcal{L}_w\big(f\mathcal{L}_v h\big) \\
&= fg\mathcal{L}_v\mathcal{L}_w h + f\mathcal{L}_v g\mathcal{L}_w h - fg\mathcal{L}_w\mathcal{L}_v h - g\mathcal{L}_w f\mathcal{L}_v h \\
&= fg\mathcal{L}_{[v,w]}h + f\mathcal{L}_v g\mathcal{L}_w h - g\mathcal{L}_w f\mathcal{L}_v h
\end{aligned}$$

et ce dernier terme est la dérivée de Lie de h selon le champ de vecteurs $fg[v,w] + (f\mathcal{L}_v g)w - (g\mathcal{L}_w f)v$, ceci prouve que

$$[fv, gw] = fg[v,w] + (f\mathcal{L}_v g)w - (g\mathcal{L}_w f)v.$$

2. Posons $\alpha = [[u,v],w]$ et soit $f : X \to \mathbf{K}$ une fonction de classe $\mathcal{C}^\infty$, on a alors

$$\begin{aligned}
\mathcal{L}_\alpha f &= \mathcal{L}_{[u,v]}\mathcal{L}_w f - \mathcal{L}_w\mathcal{L}_{[u,v]}f \\
&= \mathcal{L}_u\mathcal{L}_v\mathcal{L}_w f - \mathcal{L}_v\mathcal{L}_u\mathcal{L}_w f - \mathcal{L}_w\mathcal{L}_u\mathcal{L}_v f + \mathcal{L}_w\mathcal{L}_v\mathcal{L}_u f.
\end{aligned}$$

Par permutation circulaire des champs u, v, w, on obtient ainsi trois identités qui par sommation donnent 0 ; ceci prouve que la dérivée de Lie de f selon le champ de vecteurs

$$[[u,v],w] + [[v,w],u] + [[w,u],v]$$

vaut 0 : ce champ est donc nul.

EXERCICE D8

Vérifions la première formule, la seconde s'en déduit aisément. On a

$$\begin{aligned}
\mathcal{L}_v(g \circ f)(x) &= \ < d(g\circ f)(x), v(x) > = < dg\big(f(x)\big) \circ T_x f, v(x) > \\
&= dg\big(f(x)\big).\big(T_x f.v(x)\big) = < dg\big(f(x)\big), T_x f.v(x) > \\
&= \ < dg\big(f(x)\big), f_*(v)\big(f(x)\big) > = \big(\mathcal{L}_{f_*(v)}g\big)(f(x))
\end{aligned}$$

ce qui prouve le résultat voulu.

EXERCICE D9

Soit $g : Y \to \mathbf{K}$ une fonction de classe $\mathcal{C}^2$, on a d'après l'exercice D8

$$\begin{aligned}
\left(\mathcal{L}_{f_*([v,w])}g\right)\circ f &= \mathcal{L}_{[v,w]}(g\circ f)\\
&= \mathcal{L}_v\mathcal{L}_w(g\circ f)-\mathcal{L}_w\mathcal{L}_v(g\circ f)\\
&= \mathcal{L}_v\left((\mathcal{L}_{f_*(w)}g)\circ f\right)-\mathcal{L}_w\left((\mathcal{L}_{f_*(v)}g)\circ f\right)\\
&= \left(\mathcal{L}_{f_*(v)}\mathcal{L}_{f_*(w)}g\right)\circ f-\left(\mathcal{L}_{f_*(w)}\mathcal{L}_{f_*(v)}g\right)\circ f\\
&= \left(\mathcal{L}_{[f_*(v),f_*(w)]}g\right)\circ f,
\end{aligned}$$

d'où

$$\mathcal{L}_{f_*([v,w])}g = \mathcal{L}_{[f_*(v),f_*(w)]}g,$$

et par conséquent

$$f_*([v,w]) = [f_*(v), f_*(w)].$$

EXERCICES DE NIVEAU MOYEN

EXERCICE D10

Soient X, Y des variétés et $f : X \to Y$ une application $\mathcal{C}^\infty$ de rang constant.

1. On suppose que f n'est pas une submersion.

a. Montrer que, pour tout $a \in X$, il existe un voisinage ouvert O de a tel que $\overline{f(O)}$ soit d'intérieur vide.

b. Lorsque X est dénombrable à l'infini, en déduire que $f(X)$ est maigre [on pourra utiliser le fait que X est un espace de Lindelöf [W1, exercice 2.36.2], puis l'exercice 2.30.3 de [W1]].

2. On suppose X dénombrable à l'infini, Y non vide, montrer que

a. toute application $f : X \to Y$ surjective de rang constant est une submersion [noter que Y est un espace de Baire [W1, théorème 2.35.3]],

b. toute bijection $f : X \to Y$ de rang constant est un difféomorphisme.

EXERCICE D11

Soit X une variété, on dit que deux sous-variétés Y et Z de X sont transverses si, pour tout $x \in Y \cap Z$, $T_xX = T_xY + T_xZ$. Montrer alors que

$Y \cap Z$ est une sous-variété de X et que $T_x(Y \cap Z) = T_xY \cap T_xZ$ [soient U un voisinage ouvert de $x \in Y \cap Z$ dans X et $f : U \to \mathbf{K}^p$, $p = \operatorname{codim}_X Y$, une submersion telle que $U \cap Y = f^{-1}(0)$, si i désigne l'injection canonique de Z dans X, vérifier que $f \circ i : U \cap Z \to \mathbf{K}^p$ est une submersion au voisinage de x].

EXERCICE D12

On considère l'espace projectif $\mathbf{P}_n(\mathbf{K})$ muni de sa structure de variété analytique définie au paragraphe 1.15 de [W2].

1. Montrer que la surjection canonique $\pi : \mathbf{K}^{n+1} - \{0\} \to \mathbf{P}_n(\mathbf{K})$ est une submersion et que $\operatorname{Ker} T_x\pi = \mathbf{K}x$ pour tout $x \in \mathbf{K}^{n+1} - \{0\}$.

2,a. Lorsque $\mathbf{K} = \mathbf{R}$, en déduire que la restriction $\pi' : \mathbf{S}^n \to \mathbf{P}_n(\mathbf{R})$ de π à la sphère $\mathbf{S}^n$ est un difféomorphisme local [étant donné des espaces vectoriels F, G, une application linéaire surjective $u : F \to G$ et E un sous-espace vectoriel de F, on observera que $u|_E : E \to G$ est surjective si, et seulement si, $F = E + \operatorname{Ker} u$].

b. Montrer que $\mathbf{S}^n$ est un revêtement à 2 feuillets de l'espace projectif $\mathbf{P}_n(\mathbf{R})$ vis à vis de la surjection $\pi' : \mathbf{S}^n \to \mathbf{P}_n(\mathbf{R})$ [on pose

$$O_i = \{x \in \mathbf{S}^n \,;\, x^i \neq 0\},\ 0 \leq i \leq n, U_i = \pi'(O_i)$$

et

$$O_i^{\pm} = \{x \in \mathbf{S}^n \,;\, \pm x^i > 0\}\,;$$

vérifier que les applications $\pi'|_{O_i^{\pm}} : O_i^{\pm} \to U_i$ sont des difféomorphismes et utiliser la proposition 1.23.1 de [W2]]. Montrer que ce revêtement n'est pas trivialisable [utiliser la connexité de $\mathbf{S}^n$].

3. Lorsque $\mathbf{K} = \mathbf{C}$, vérifier que $\pi'' = \pi|_{\mathbf{S}^{2n+1}} : \mathbf{S}^{2n+1} \to \mathbf{P}_n(\mathbf{C})$ est une submersion.

EXERCICE D13

On considère l'application $f : \mathbf{R}^{n+1} \to \mathbf{R}^{2n+1}$, $f = (f^k)_{0 \leq k \leq 2n}$, définie par

$$f^k(x) = \sum_{j \in J_k} x^j x^{k-j},\ x = (x^j)_{0 \leq j \leq n},$$

où $J_k = \{j \in \mathbf{N} \,;\, 0 \leq j \leq n \text{ et } k - n \leq j \leq k\}$.

1. Montrer que l'application $f : \mathbf{R}^{n+1} - \{0\} \to \mathbf{R}^{2n+1}$ est une immersion [soit $a \in \mathbf{R}^{n+1} - \{0\}$, il existe $0 \leq k \leq n$ tel que $a^0 = \ldots = a^{k-1} = 0$,

$a^k \neq 0$, vérifier que le déterminant fonctionnel

$$D(f^k, \ldots, f^{k+n})/D(x^0, \ldots, x^n)(a)$$

est non nul].

2. On note $\pi' : \mathbf{S}^n \to \mathbf{P}_n(\mathbf{R})$ la surjection canonique de $\mathbf{S}^n$ sur $\mathbf{P}_n(\mathbf{R})$, montrer qu'il existe une unique application $g : \mathbf{P}_n(\mathbf{R}) \to \mathbf{R}^{2n+1}$ telle que $f = g \circ \pi'$. Vérifier que g est une application injective de classe $\mathcal{C}^\infty$ [utiliser l'exercice D12].

3. En déduire que $g : \mathbf{P}_n(\mathbf{R}) \to \mathbf{R}^{2n+1}$ est un plongement.

Note Plus généralement on démontre que, pour toute variété réelle X dénombrable à l'infini et de dimension n, il existe un plongement de X dans l'espace $\mathbf{R}^{2n+1}$ (théorème de Whitney) [on trouvera une démonstration de ce théorème dans l'ouvrage de De Rham, Variétés différentiables, Hermann, Paris, 1960].

EXERCICE D14

Soient X une variété dénombrable à l'infini et E un espace normé.

1. Soit F une partie fermée de X, on dit qu'une fontion $f : F \to E$ est de classe $\mathcal{C}^k$, $0 \leq k \leq \infty$, s'il existe une fonction $g \in \mathcal{C}^k(X; E)$ telle que $f = g|_F$. Montrer l'équivalence des propriétés suivantes.

a. $f : F \to E$ est de classe $\mathcal{C}^k$,

b. pour tout $x \in F$, il existe un voisinage ouvert O_x de x et une fonction $g_x \in \mathcal{C}^k(O_x; E)$ tels que $f = g_x$ sur $F \cap O_x$,

c. pour tout voisinage ouvert U de F, il existe une fonction $g \in \mathcal{C}^k(X; E)$ qui prolonge f et dont le support est contenu dans U

[pour vérifier que $b \Rightarrow c$, soit V un voisinage de F tel que $\overline{V} \subset U$ [W1, exercice 2.36.2], utiliser une partition de l'unité subordonnée au recouvrement ouvert de X constitué des ouverts $(O_x \cap V)_{x \in F}$ et de $X - F$].

2. Soit Y une sous-variété de X.

a. Montrer qu'il existe un ouvert $O \supset Y$ tel que Y soit fermé dans O [utiliser les exercices 2.20.2 et 2.35.8 de [W1]].

b. En déduire que, pour tout ouvert U tel que $Y \subset U \subset O$ et toute fonction $f \in \mathcal{C}^k(Y; E)$, il existe une fonction $g \in \mathcal{C}^k(O; E)$ qui prolonge f et à support dans U, le support étant calculé dans O [utiliser la proposition 1.21.1 de [W2] et l'exercice D1].

c. En particulier, si Y une sous-variété fermée de X, une fonction $f : Y \to E$ est de classe $\mathcal{C}^k$ si, et seulement si, elle se prolonge en une fonction $g : X \to E$ de classe $\mathcal{C}^k$.

EXERCICE D15

Un groupe G muni d'une structure de variété est appelé un goupe de Lie si les applications $(x,y) \mapsto xy$ de $G \times G$ dans G et $x \mapsto x^{-1}$ de G dans G sont C^∞.

1. Pour tout $x \in G$, montrer que l'application $\gamma_x : y \mapsto xy \in G$ (translation à gauche) est un difféomorphisme.

2. On note e l'élément neutre du groupe, montrer que l'application $\varphi : G \times T_eG \to TG$ définie par $\varphi(x,v) = (x, T_e\gamma_x.v)$ est un difféomorphisme [pour vérifier que φ et φ^{-1} sont C^∞, utiliser les formules (1.18.13) et (1.23.10) de [W2]].

3. En déduire que le fibré tangent à tout groupe de Lie est trivialisable.

4. Montrer que $\mathbf{S}^1$ muni de sa structure usuelle de groupe multiplicatif est un groupe de Lie ; le fibré tangent $T\mathbf{S}^1$ est donc trivialisable.

Note On dit qu'une variété est parallélisable si son fibré tangent est trivialisable ; par exemple, on peut démontrer que les seules sphères parallélisables sont $\mathbf{S}^1$, $\mathbf{S}^3$ et $\mathbf{S}^7$.

EXERCICE D16

Soient X une variété et Y une sous-variété. Si $v : X \to TX$ est un champ de vecteurs sur X tel que $v(x) \in T_xY$ pour tout $x \in Y$, la restriction de v à Y est un champ de vecteurs sur Y. On se propose d'étudier la réciproque. Soit $w : Y \to TY$ un champ de vecteurs sur Y de classe C^k, $0 \leq k \leq \infty$.

1. Montrer que, pour tout $a \in Y$, il existe un voisinage ouvert U_a de a et un champ de vecteurs $x \mapsto v(x)$ sur U_a de classe C^k tel que $v|_{U_a \cap Y} = w|_{U_a}$.

2. On suppose que X est une variété réelle dénombrable à l'infini. Soit O un voisinage ouvert de Y tel que Y soit fermé dans O (exercice D14) et soit U un ouvert de X tel que $Y \subset U \subset O$, montrer qu'il existe un champ de vecteurs v sur O de classe C^k qui prolonge w et à support dans U, le support de v étant par définition l'adhérence dans O de l'ensemble des $x \in O$ tels que $v(x) \neq 0$ [raisonner comme dans l'exercice D14]. Lorsque Y est une sous-variété fermée de X, on peut prendre $X = O$.

CORRIGÉ DES EXERCICES DE NIVEAU MOYEN

EXERCICE D10

1,a. Notons l et m les dimensions des variétés X, Y et r le rang de

f. D'après le théorème du rang constant [W2, théorème 1.20.5], il existe des cartes (U, φ) et (V, ψ) aux points a et $f(a)$ telles que la représentation locale de f s'écrive

$$(x^1, \dots, x^l) \mapsto (x^1, \dots, x^r, 0, \dots, 0).$$

On peut supposer $f(U) \subset V$. Soit W un voisinage ouvert de $f(a)$ tel que $\overline{W} \subset V$ (l'espace Y est localement compact, donc régulier [W1, corollaire 2.35.2]), posons $O = f^{-1}(W)$; alors O est un voisinage ouvert de a et $f(O) \subset W \subset \overline{W} \subset V$. Il en résulte que $\overline{f(O)}$ coïncide avec l'adhérence de $f(O)$ dans V et l'intérieur de $\overline{f(O)}$ dans Y avec son intérieur dans V car V est ouvert. Étant donné que $\psi : V \to \psi(V)$ est un homéomorphisme, pour conclure il suffit de remarquer que $\psi\big(f(O)\big) \subset \big(\mathbf{K}^r \times \{0\}\big) \cap \psi(V)$ où ce dernier ensemble est fermé et d'intérieur vide dans $\psi(V)$ car $r < m$.

1,b. D'après a., il existe un recouvrement ouvert $(O_i)_{i\in I}$ de X tel que $\overline{f(O_i)}$ soit d'intérieur vide. L'espace X étant un espace de Lindelöf [W1, exercice 2.36.2], il existe [W1, exercice 2.30.3] un sous-recouvrement dénombrable $(O_i)_{i\in D}$, D partie dénombrable de I; étant donné que $f(X) = \bigcup_{i\in D} f(O_i)$, on en déduit que $f(X)$ est maigre.

2,a. L'espace Y est un espace de Baire [W1, théorème 2.35.3] et, si f n'est pas une submersion, $Y = f(X)$ est maigre, ce qui est absurde si Y est non vide.

2,b. D'après a., f est une submersion et, en tant qu'application injective de rang constant, f est une immersion; autrement dit, $T_a f : T_a X \to T_{f(a)} Y$ est un isomorphisme pour tout $a \in X$. Il en résulte [W2, corollaire 1.20.3] que f est un difféomorphisme local injectif, ce qui permet de conclure.

EXERCICE D11

Soit $x \in Y \cap Z$, d'après la proposition 1.21.6 de [W2] il existe un voisinage ouvert U de x et une submersion $f : U \to \mathbf{K}^p$, $p = \operatorname{codim}_X Y$, telle que $U \cap Y = f^{-1}(0)$. Soit $i : Z \to X$ l'injection canonique, considérons l'application $f \circ i : U \cap Z \to \mathbf{K}^p$, on a $U \cap (Y \cap Z) = (f \circ i)^{-1}(0)$. Montrons que $f \circ i$ est une submersion dans un voisinage de x dans Z, c'est-à-dire [W2, remarque 1.21.2] que $T_x(f \circ i) : T_x Z \to \mathbf{K}^p$ est surjective.

Soit $h \in \mathbf{K}^p$, il s'agit de prouver l'existence d'un vecteur $v \in T_x Z$ tel que $T_x(f \circ i).v = h$; posons $w = T_x i.v \in T_x X$, étant donné que $T_x i(T_x Z) = T_x Z$, il s'agit de déterminer un $w \in T_x Z$ tel que $T_x f.w = h$. Or, f étant une submersion, il existe $w_0 \in T_x X$ tel que $T_x f.w_0 = h$ et, vu l'hypothèse, w_0 s'écrit $w_0 = w + w'$ où $w \in T_xZ$, $w' \in T_xY$. On observe alors que $T_xf.w' = 0$ car $T_xY = \mathrm{Ker}\, T_xf$, d'où $T_xf.w = h$, ce qui prouve le résultat voulu.

Quant à l'espace tangent à $Y \cap Z$ au point x, on a

$$T_x(Y \cap Z) = \mathrm{Ker}\, T_x(f \circ i) = (T_xi)^{-1}(\mathrm{Ker}\, T_xf) = (T_xi)^{-1}(T_xY),$$

d'où $T_x(Y \cap Z) = T_xY \cap T_xZ$.

EXERCICE D12

1. La surjection canonique $\pi : \mathbf{K}^{n+1} - \{0\} \to \mathbf{P}_n(\mathbf{K})$ est analytique [W2, exemple 1.16.1]. Dans l'ouvert O_i et la carte (U_i, φ_i) [W2, paragraphe 1.15], on considère sa représentation locale $\psi_i : O_i \to \mathbf{K}^n$ de π, soit

$$\psi_i(x) = \left(\frac{x^0}{x^i}, \ldots, \frac{x^{i-1}}{x^i}, \frac{x^{i+1}}{x^i}, \ldots, \frac{x^n}{x^i}\right),\ x \in O_i\,;$$

on a alors $\mathrm{Ker}\, T_x\pi = \mathrm{Ker}\, D\psi_i(x)$ pour $x \in O_i$ et la relation $h = (h^j)_{0 \leq j \leq n} \in \mathrm{Ker}\, D\psi_i(x)$ signifie

$$\frac{1}{x^i}h^j - \frac{x^j}{(x^i)^2}h^i = 0 \text{ pour } 0 \leq j \leq n,\ j \neq i,$$

soit $h^j = (x^j/x^i)h^i$, c'est-à-dire $h = \lambda x$ où $\lambda = h^i/x^i \in \mathbf{K}$. Ceci prouve que le noyau de $T_x\pi$ est la droite $\mathbf{K}x$. Il en résulte que $T_x\pi$ est surjective car $\dim T_x\pi(\mathbf{K}^{n+1}) = n + 1 - \dim\ \mathrm{Ker}\, T_x\pi = n$. L'application π est donc une submersion.

2,a. On a $T_x\pi' = T_x\pi|_{T_x\mathbf{S}^n}$ et $\mathbf{R}^{n+1} = T_x\mathbf{S}^n \oplus \mathbf{R}x$ pour tout $x \in \mathbf{S}^n$. Si $u : F \to G$ est une application linéaire surjective, il suffit donc de vérifier que $u|_E$ est surjective si, et seulement si, $F = E + \mathrm{Ker}\, u$. En effet, cette condition est suffisante : soit $y \in G$, il existe $x \in F$ tel que $u(x) = y$ et x peut s'écrire $x = x_0 + x_1$ où $x_0 \in E$ et $u(x_1) = 0$, d'où $u(x_0) = y$. Réciproquement, si $u|_E$ est surjective, soit $x \in F$, il existe $x_0 \in E$ tel que $u(x_0) = u(x)$, d'où $x - x_0 \in \mathrm{Ker}\, u$; il existe donc $x_1 \in \mathrm{Ker}\, u$ tel que $x = x_0 + x_1$, ce qui prouve que $F = E + \mathrm{Ker}\, u$.

Ceci prouve que l'application $T_x\pi'$ est surjective, donc injective, les espaces tangents $T_x\mathbf{S}^n$ et $T_{\pi'(x)}\mathbf{P}_n(\mathbf{R})$ étant de même dimension n. D'après le théorème d'inversion locale [W2, théorème 1.20.2], π' est un difféomorphisme local.

b. On utilise la proposition 1.23.1 de [W2]. L'espace $\mathbf{P}_n(\mathbf{R})$ est connexe [W1, exercice 2.40.8] et la famille $(U_i)_{0 \leq i \leq n}$ est un recouvrement ouvert de $\mathbf{P}_n(\mathbf{R})$. Étant donné que $\pi'^{-1}(U_i) = O_i^+ \cup O_i^-$, il suffit de vérifier que les applications $\pi'|_{O_i^\pm} : O_i^\pm \to U_i$ sont des difféomorphismes. Ces applications sont des bijections [on notera que π' est la surjection canonique de $\mathbf{S}^n$ sur $\mathbf{S}^n/R' = \mathbf{P}_n(\mathbf{R})$ où R' est la relation d'équivalence dont les classes d'équivalence sont les couples $\{x, -x\}$]. D'après 2,a., π' est un difféomorphisme local, ce qui permet de conclure.

Si ce revêtement était trivialisable, $\mathbf{S}^n$ serait homéomorphe à $\mathbf{P}_n(\mathbf{R}) \times \{-1, 1\}$ et ce dernier espace n'étant pas connexe, ceci est absurde.

3. Lorsque $\mathbf{K} = \mathbf{C}$, on observe de même que $\mathbf{C}^{n+1} = T_x\mathbf{S}^{2n+1} + \mathbf{C}x$.

EXERCICE D13

1. On a pour $0 \le k \le n$ et $0 \le l \le n$

$$D_l f^{k+l}(a) = \sum_{\substack{j \in J_{k+l} \\ j=l}} a^{k+l-j} + \sum_{\substack{j \in J_{k+l} \\ k+l-j=l}} a^j$$

et k, l appartenant à J_{k+l}, $D_l f^{k+l}(a) = 2\,a^k$. Lorsque $l < m \le n$, on vérifie de même que

$$D_m f^{k+l}(a) = 2\,a^{k+l-m} = 0 \quad \text{si } k+l-m \ge 0,$$

$$D_m f^{k+l}(a) = 0 \quad \text{si } k+l-m < 0.$$

Ceci prouve que

$$\frac{D(f^k, \dots, f^{k+n})}{D(x^0, \dots, x^n)}(a) = (2\,a^k)^{n+1} \ne 0.$$

On en déduit que f est une immersion.

2. L'application π' est la surjection canonique de $\mathbf{S}^n$ sur $\mathbf{S}^n/R'$ associée à la relation d'équivalence R' dont les classes d'équivalence sont les couples $\{x, -x\}$, $x \in \mathbf{S}^n$. L'existence et l'unicité de g résulte donc simplement du fait que f est paire. L'application π' étant un difféomorphisme local (exercice D12), l'application g est $\mathcal{C}^\infty$. Quant à l'injectivité de g, elle résulte de la propriété suivante : soient $x, y \in \mathbf{S}^n$ tels que $f(x) = f(y)$, alors $x = \pm y$. En effet, soit $k \in [0, n]$ le plus grand entier tel que $x^j = y^j = 0$ pour $0 \le j < k$. On a alors $f^{2k}(x) = (x^k)^2$ et $f^{2k}(y) = (y^k)^2$, d'où $x^k = \pm y^k$. Supposons établi que $x^j = \pm y^j$ pour $0 \le j < l$ où $k < l < n$. On a

$$f^{k+l}(x) = 2\,x^k x^l + h(x^{k+1}, \dots, x^{l-1})$$

où h est une fonction paire ; on en déduit $x^k x^l = y^k y^l$, d'où $x^l = \pm y^l$ vu que $x^k = \pm y^k$ et que $x^k y^k \neq 0$. Ceci prouve par récurrence que $x = \pm y$.

3. L'application g est une immersion car f est une immersion et π' une submersion. L'espace $\mathbf{P}_n(\mathbf{R})$ est compact et g est une injection continue, il en résulte que g est un homéomorphisme de $\mathbf{P}_n(\mathbf{R})$ sur son image et ceci prouve que g est un plongement.

EXERCICE D14

1. Il est clair que $a \Rightarrow b$ et $c \Rightarrow a$. Vérifions que $b \Rightarrow c$. L'espace X étant normal [W1, exercice 2.36.2], il existe un voisinage ouvert de V de F tel que $\overline{V} \subset U$. Pour tout $x \in F$, il existe un voisinage ouvert O_x de x et une fonction $g_x \in \mathcal{C}^k(O_x; E)$ tels que $f = g_x$ sur $F \cap O_x$. Considérons alors une partition de l'unité sur X subordonnée au recouvrement ouvert constitué des ouverts $(O_x \cap V)_{x\in F}$ et $X - F$, soit $(\varphi_x)_{x\in F}$ et φ. Notons ψ_x la fonction

$$\psi_x = \begin{cases} \varphi_x g_x & \text{dans} \quad O_x \cap V \\ 0 & \text{dans} \quad X - O_x \cap V. \end{cases}$$

Cette fonction est de classe $\mathcal{C}^k$: en effet, si G_x désigne le support de φ_x, on a $G_x \subset O_x \cap V$ et X est la réunion des ouverts $O_x \cap V$ et $X - G_x$ sur lesquels ψ_x est de classe $\mathcal{C}^k$. Remarquons que le support de ψ_x est contenu dans G_x ; la famille $(\operatorname{supp} \psi_x)_{x\in F}$ est donc localement finie et il en résulte que la fonction $g = \sum_{x\in F} \psi_x$ est de classe $\mathcal{C}^k$, la somme étant localement finie, et que son support est contenu dans $\overline{V}$. Pour $y \in F$, on a en outre

$$g(y) = \sum_{x\in F_y} \varphi_x(y) g_x(y) = \Big(\sum_{x\in F_y} \varphi_x(y)\Big) f(y) = f(y)$$

où $F_y = \{x \in F \,;\, y \in O_x \cap V\}$ et ceci prouve que g prolonge f.

2,a. Y est un sous-espace localement compact de X ; Y est donc localement fermé [W1, exercice 2.35.8] et, d'après l'exercice 2.20.2 de [W1], il existe donc un ouvert $O \supset Y$ tel que Y soit fermé dans O.

2,b. On en déduit que Y est une sous-variété fermée de O. D'après la proposition 1.21.1 de [W2], il suffit alors d'utiliser 1. en substituant O à X, O étant dénombrable à l'infini (exercice D1).

2,c. Si Y est une sous-variété fermée de X, on peut prendre $O = X$, d'où le résultat voulu.

EXERCICE D15

1. L'application γ_x est une bijection, de classe $\mathcal{C}^\infty$ d'après la définition même d'un groupe de Lie ; la bijection réciproque $\gamma_{x^{-1}}$ est également de classe $\mathcal{C}^\infty$, ce qui prouve que γ_x est un difféomorphisme.

2. L'application φ est une bijection car $T_e\gamma_x : T_eG \to T_xG$ est un isomorphisme ; d'après le théorème des fonctions composées, on a en outre $(T_e\gamma_x)^{-1} = T_x\gamma_{x^{-1}}$ et la bijection réciproque est donc donnée par la formule $\varphi^{-1}(x,w) = (x, T_x\gamma_{x^{-1}}.w)$, $(x,w) \in TG$.

Notons $\gamma : G \times G \to G$ l'application $(x,y) \mapsto xy$. Appliquons la formule (1.23.10) de [W2] en prenant pour fonction f cette fonction γ, $a_2 = e$ et $v_2 = v \in T_eG$; étant donné que $\gamma(x,\bullet) = \gamma_x$, on en déduit que la fonction $x \mapsto (x, T_e\gamma_x.v)$ de G dans TG est $\mathcal{C}^\infty$. Quant à la fonction $v \mapsto (x, T_e\gamma_x.v)$ de T_eG dans $\{x\} \times T_xG$, elle est linéaire donc $\mathcal{C}^\infty$ et ceci prouve que φ est $\mathcal{C}^\infty$.

Étudions de même l'application φ^{-1}. Notons $\psi : G \times G \to G$ l'application $\mathcal{C}^\infty$ $(x,y) \mapsto x^{-1}y$. D'après la formule (1.18.13) de [W2], on a

$$T_{x,y}\psi.(v,w) = T_x\psi(\bullet,y).v + T_y\psi(x,\bullet).w \text{ pour } (v,w) \in T_xG \times T_yG$$

où $T_y\psi(x,\bullet).w = T_y\gamma_{x^{-1}}.w$. En notant $i : TG \to TG \times TG$ l'application $(x,w) \mapsto \big((x,0),(x,w)\big)$, on en déduit que

$$(T\psi \circ i)(x,w) = (e, T_x\gamma_{x^{-1}}.w) ;$$

ceci montre que l'application $(x,w) \mapsto T_x\gamma_{x^{-1}}.w$ est $\mathcal{C}^\infty$ et il en est de même de φ^{-1}.

3. Étant donné que $\pi \circ \varphi = pr_1$ et que, pour tout $x \in G$, φ induit un isomorphisme de $\{x\} \times T_eG$ sur $\pi^{-1}(x)$, on en déduit que φ définit une trivialisation du fibré TG.

4. L'application $\gamma : \mathbf{S}^1 \times \mathbf{S}^1 \to \mathbf{S}^1$ définie par $\gamma(x,y) = xy$ est la restriction à $\mathbf{S}^1 \times \mathbf{S}^1$ de l'application $(x,y) \in \mathbf{C} \times \mathbf{C} \mapsto xy \in \mathbf{C}$, application de classe $\mathcal{C}^\infty$; ceci prouve que γ est $\mathcal{C}^\infty$. L'application $x \in \mathbf{S}^1 \mapsto x^{-1} \in \mathbf{S}^1$ est la restriction de l'application $x \mapsto x^{-1}$ bien définie sur $\mathbf{C}^*$ et de classe $\mathcal{C}^\infty$, ce qui permet de conclure : le cercle unité $\mathbf{S}^1$ est un goupe de Lie, donc trivialisable.

EXERCICE D16

1. Notons n la dimension de X et p celle de Y. Soit (U,φ) une carte de X au point a telle que $\varphi(U \cap Y) = \varphi(U) \cap \mathbf{K}^p$; on peut choisir U tel que $\varphi(U) = V \times W$ où V est un ouvert de $\mathbf{K}^p$ et W un voisinage ouvert

de $0 \in \mathbf{K}^{n-p}$. Montrons que cet ouvert U convient. Si $(\partial/\partial x^i)_{1\leq i\leq n}$ est le repère naturel de l'espace $T_x X$ en un point $x \in U$, $(\partial/\partial x^i)_{1\leq i\leq p}$ est le repère naturel de l'espace $T_x Y$ au point $x \in U \cap Y$ associé à la carte $(U \cap Y, \varphi|_{U\cap Y})$ et dans ce repère on a

$$w(x) = \sum_{i=1}^{p} w^i(x) \frac{\partial}{\partial x^i}, \ x \in U \cap Y,$$

où les fonctions $w^i : U \cap Y \to \mathbf{K}$ sont de classe $\mathcal{C}^k$. Lorsque $1 \leq i \leq p$, on considère les fonctions $W^i = w^i \circ \left(\varphi|_{U\cap Y}\right)^{-1} : V \to \mathbf{K}$; ces fonctions sont de classe $\mathcal{C}^k$ et, si $pr_1 : V \times W \to V$ est la première projection, les fonctions $v^i = W^i \circ pr_1 \circ \varphi : U \to \mathbf{K}$ sont de classe $\mathcal{C}^k$ et prolongent les fonctions w^i. Lorsque $p+1 \leq i \leq n$, on prend $v^i = 0$. Le champ de vecteurs sur U

$$v(x) = \sum_{i=1}^{n} v^i(x) \frac{\partial}{\partial x^i}, \ x \in U,$$

est de classe $\mathcal{C}^k$ et $v|_{U\cap Y} = w|_U$.

2. Le raisonnement est analogue à celui de l'exercice D14. On remarque que O est un espace localement compact dénombrable à l'infini (exercice D1), donc normal : on note V un voisinage ouvert de Y tel que $\overline{V} \subset U$. D'après 1., pour tout $a \in Y$ il existe un voisinage ouvert U_a de a et un champ de vecteurs v_a sur U_a tel que $v_a|_{U_a \cap Y} = w|_{U_a}$. On peut supposer $U_a \subset V$; on considère le recouvrement ouvert de O constitué des ouverts $(U_a)_{a\in Y}$ et $O - Y$ et une partition de l'unité associée $(\varphi_a)_{a\in Y}$, φ. On note v'_a le champ de vecteurs sur O égal à $\varphi_a v_a$ sur U_a et à 0 sur $O - U_a$. Le champ de vecteurs $v = \sum_{a\in Y} v'_a$ répond alors à la question.

PROBLÈME

PROBLÈME D1

Ce problème a pour objet de démontrer que $\pi'' : \mathbf{S}^{2n+1} \to \mathbf{P}_n(\mathbf{C})$ (exercice D12) est un espace fibré $\mathcal{C}^\infty$ de fibre type $\mathbf{S}^1$. L'espace projectif $\mathbf{P}_n(\mathbf{C})$ est muni de sa structure de variété réelle sous-jacente à sa structure complexe.

Soient $x = (x^0, \ldots, x^n) \in \mathbf{C}^{n+1}$ et $t \in \mathbf{C}$, alors tx est bien défini ; lorsque $t \in \mathbf{S}^1$ et $x \in \mathbf{S}^{2n+1}$, on notera que tx appartient à la sphère $\mathbf{S}^{2n+1}$. On pose $O_i = \{x \in \mathbf{S}^{2n+1} \,;\, x^i \neq 0\}$, $0 \leq i \leq n$, et $U_i = \pi''(O_i)$.

1. On définit une application $\psi : U_i \to O_i$ de la façon suivante. Soit $y \in U_i$, il existe $x \in O_i$ tel que $y = \pi''(x)$, on pose $\psi(y) = t\,x$ où $t = \overline{x^i}/|x^i|$.

a. Montrer que $\psi(y)$ ne dépend pas du choix du point $x \in O_i$ tel que $y = \pi''(x)$.

b. Montrer que ψ est C^∞ [lire ψ dans la carte (U_i, φ_i) définie au paragraphe 1.15 de [W2]].

c. Montrer que $\pi'' \circ \psi = I_{U_i}$; en déduire que ψ est une immersion et que

$$T_{\psi(y)}O_i = \mathrm{Im}\ T_y\psi \oplus \mathrm{Ker}\ T_{\psi(y)}\pi''$$

[on utilisera le fait que π'' est une submersion (exercice D12)].

2. Soit $x \in \mathbf{S}^{2n+1}$, on pose $y = \pi''(x)$, montrer que l'application $\theta : t \in \mathbf{S}^1 \mapsto t\,x \in \mathbf{S}^{2n+1}$ est un plongement, que $\mathrm{Im}\,\theta = F_y$ où $F_y = \pi''^{-1}(y)$. En déduire que θ induit un difféomorphisme de $\mathbf{S}^1$ sur F_y et que

$$T_xF_y = \mathrm{Ker}\ T_x\pi'' = \mathrm{Im}\ T_1\theta.$$

3. On définit une application $\varphi : U_i \times \mathbf{S}^1 \to O_i$ par $\varphi(y,t) = t\,\psi(y)$ où $(y,t) \in U_i \times \mathbf{S}^1$.

a. Montrer que φ est un difféomorphisme de $U_i \times \mathbf{S}^1$ sur O_i [vérifier que φ est une bijection C^∞, puis que φ est une submersion en utilisant la formule (1.18.13) de [W2]].

b. En déduire le résultat annoncé.

CORRIGÉ DU PROBLÈME

PROBLÈME D1

1,a. Soient $x, x' \in O_i$ tels que $\pi''(x) = \pi''(x')$, autrement dit $x' = \lambda\,x$ où $\lambda \in \mathbf{S}^1$. On a alors

$$t' = \frac{\overline{x'^i}}{|x'^i|} = \frac{\overline{\lambda}\,\overline{x^i}}{|x^i|} = \overline{\lambda}\,t,$$

d'où $t'\,x' = \overline{\lambda}\,t \times \lambda\,x = t\,x$ et ceci montre que ψ est bien défini.

1,b. On considère la carte (U_i, φ_i), $\varphi_i : U_i \to \mathbf{C}^n$ [W2, paragraphe 1.15]; l'application $\theta_i = \varphi_i^{-1} : \mathbf{C}^n \to U_i$ est donnée par la formule

$$\theta_i(y) = \pi''\big((1 + \|y\|^2)^{-1/2}\,(y^1, \ldots, y^i, 1, y^{i+1}, \ldots, y^n)\big),$$

où $y = (y^i)_{1 \leq i \leq n} \in \mathbf{C}^n$, $\|\bullet\|$ désignant la norme euclidienne de $\mathbf{C}^n = \mathbf{R}^{2n}$. On en déduit que

$$(\psi \circ \theta_i)(y) = (1 + \|y\|^2)^{-1/2}\,(y^1, \ldots, y^i, 1, y^{i+1}, \ldots, y^n)$$

et ceci montre que ψ est $\mathcal{C}^\infty$.

1,c. D'après la définition de ψ, on a $\pi''(\psi(y)) = \pi''(t\,x)$ si $y = \pi''(x)$, d'où $\pi''(\psi(y)) = \pi''(x) = y$, soit $\pi'' \circ \psi = I_{U_i}$. On en déduit que

$$T_{\psi(y)}\pi'' \circ T_y\psi = T_y(I_{U_i}) = I_{T_yU_i}\,;$$

ceci montre que l'application tangente $T_y\psi$ est injective : ψ est une immersion. On en déduit également que

$$\mathrm{Im}\ T_y\psi \cap \mathrm{Ker}\ T_{\psi(y)}\pi'' = \{0\}.$$

Or, π'' est une submersion (exercice D12), donc de rang $2n$; la sphère $\mathbf{S}^{2n+1}$ étant de dimension $2n+1$, on en déduit que Ker $T_{\psi(y)}\pi''$ est de dimension 1. D'autre part, ψ étant une immersion, Im $T_y\psi$ est de dimension $2n$. L'espace tangent $T_{\psi(y)}O_i$ étant de dimension $2n+1$, on en déduit bien que

$$T_{\psi(y)}O_i = \mathrm{Im}\ T_y\psi \oplus \mathrm{Ker}\ T_{\psi(y)}\pi''.$$

2. L'application θ est la restriction à $\mathbf{S}^1$ de l'application linéaire, donc $\mathcal{C}^\infty$, $\theta_1 : t \in \mathbf{C} \mapsto t\,x \in \mathbf{C}^{n+1}$; l'application θ est donc $\mathcal{C}^\infty$. On a en outre $D\theta_1(t).h = h\,x$, $h \in \mathbf{C}$, d'où $T_t\theta.h = h\,x$ pour $h \in T_t\mathbf{S}^1$; ceci montre que l'application $T_t\theta$ est injective et par conséquent θ est une immersion, donc un plongement, le cercle unité $\mathbf{S}^1$ étant compact. Quant à l'image de θ, on a Im $\theta = \{t\,x\,;\, t \in \mathbf{S}^1\} = \pi''^{-1}(y) = F_y$. Ceci prouve que F_y est une sous-variété de $\mathbf{S}^{2n+1}$, que θ est un difféomorphisme de $\mathbf{S}^1$ sur F_y et que $T_xF_y = \mathrm{Im}\ T_1\theta$. D'autre part, π'' étant une submersion, $T_xF_y = \mathrm{Ker}\ T_x\pi''$ [W2, proposition 1.21.5].

3,a. Soit $x \in O_i$, si $\varphi(y,t) = x$ avec $(y,t) \in U_i \times \mathbf{S}^1$, on a nécessairement $\pi''\big(\varphi(y,t)\big) = \pi''\big(t\,\psi(y)\big) = \pi''\big(\psi(y)\big) = y$ d'après 1,c., c'est-à-dire $y = \pi''(x)$. On a alors

$$\varphi(y,t) = t\,\psi(y) = t\,\psi\big(\pi''(x)\big) = t\,\frac{\overline{x^i}}{|x^i|}\,x,$$

ce qui montre que $\varphi(y,t) = x$ si, et seulement si, $t = x^i/|x^i|$ et ceci prouve que φ est une bijection.

Dire que φ est $\mathcal{C}^\infty$ équivaut à dire que les applications $t \mapsto \varphi(y,t)$ et $y \mapsto \varphi(y,t)$ sont $\mathcal{C}^\infty$, c'est-à-dire, ψ étant $\mathcal{C}^\infty$, que les applications $t \mapsto t\,z$, $z \in \mathbf{S}^{2n+1}$, de $\mathbf{S}^1$ dans $\mathbf{S}^{2n+1}$ et $z \mapsto t\,z$ de $\mathbf{S}^{2n+1}$ dans $\mathbf{S}^{2n+1}$ sont $\mathcal{C}^\infty$. Pour la première application cela résulte de 2. ; quant à la seconde, il s'agit de la restriction à $\mathbf{S}^{2n+1}$ de l'application linéaire $z \in \mathbf{C}^{n+1} \mapsto t\,z \in \mathbf{C}^{n+1}$.

Pour tout $(v_1, v_2) \in T_y U_i \times T_t \mathbf{S}^1$, on a alors d'après la formule (1.18.13) de [W2]

$$T_{(y,t)}\varphi.(v_1, v_2) = T_y\varphi(\bullet, t).v_1 + T_t\varphi(y, \bullet).v_2,$$

où $T_y\varphi(\bullet, t).v_1 = t\, T_y\psi.v_1$ et, en posant $v_2 = t\, w_2$, $w_2 \in T_1\mathbf{S}^1$,

$$T_t\varphi(y, \bullet).v_2 = t\, T_1\varphi(y, \bullet).w_2 = t\, T_1\theta.w_2,$$

θ désignant l'application $t \mapsto t\,\psi(y)$ de $\mathbf{S}^1$ dans $\mathbf{S}^{2n+1}$. Il en résulte que

$$\operatorname{Im} T_{(y,t)}\varphi = t\left(\operatorname{Im} T_y\psi + \operatorname{Im} T_1\theta\right),$$

soit d'après 2.

$$\operatorname{Im} T_{(y,t)}\varphi = t\left(\operatorname{Im} T_y\psi + \operatorname{Ker} T_{\psi(y)}\pi''\right),$$

d'où $\operatorname{Im} T_{(y,t)}\varphi = t\, T_{\psi(y)}O_i = T_{t\,\psi(y)}O_i$ d'après 1,c. et ceci montre que φ est une submersion.

Vu que $U_i \times \mathbf{S}^1$ et O_i sont de même dimension $2n+1$, φ est également une immersion, donc un difféomorphisme local et, φ étant bijectif, on en déduit que φ est un difféomorphisme.

3,b. En outre, $\pi''\big(\varphi(y,t)\big) = \pi''\big(t\,\psi(y)\big) = \pi''\big(\psi(y)\big) = y$, soit $\pi'' \circ \varphi = pr_1$; les ouverts U_i, $0 \leq i \leq n$, constituant un recouvrement de $\mathbf{P}_n(\mathbf{C})$, on en déduit que $\pi'' : \mathbf{S}^{2n+1} \to \mathbf{P}_n(\mathbf{C})$ est une fibration de fibre type $\mathbf{S}^1$: $\mathbf{S}^{2n+1}$ est un fibré en cercle au-dessus de $\mathbf{P}_n(\mathbf{C})$.

Table de concordance

Dans chaque colonne et pour chaque exercice ou problème, on trouvera à gauche son numéro dans l'ouvrage "Dérivation, intégration" et à droite son numéro dans le présent livret.

1.1.1	A1
1.1.2	A11
1.1.3	A2
1.1.4	A12
1.1.5	A13
1.1.6	A14
1.1.7	A3
1.1.8	prob. A1
1.1.9	prob. A2
1.3.1	A4
1.3.2	A5
1.3.3	A6
1.3.4	A7
1.3.5	A8
1.3.6	A9
1.3.7	A10
1.3.8	A15
1.6.1	B1
1.7.1	B2
1.7.2	B3
1.7.3	B8
1.9.1	B14
1.9.2	B9
1.9.3	prob. B1
1.9.4	B5
1.9.5	B6
1.9.6	B10
1.9.7	B7
1.9.8	B11
1.9.9	prob. B2
1.9.10	prob. B3
1.12.1	C1
1.12.2	C2
1.12.3	prob. C1
1.13.1	C3
1.13.2	C4
1.13.3	C5
1.14.1	D1
1.18.1	D2
1.18.2	D3
1.20.1	D4
1.21.1	D1
1.21.2	D5
1.21.3	D6
1.21.4	D10
1.21.5	D11
1.21.6	D12
1.21.7	D13
1.22.1	D14
1.23.1	D12
1.23.2	prob. D1
1.23.3	D15
1.24.1	D16
1.24.2	D7
1.24.3	D8
1.24.4	D9

Index Alphabétique

Claude Wagschal

DÉRIVATION, INTÉGRATION

Cet ouvrage est consacré à l'étude de la dérivation et de l'intégration. L'intégrale de Lebesgue constitue un outil fondamental en analyse car elle permet de définir des espaces (de classes) de fonctions qui sont complets ; grâce à la théorie des distributions, il est alors possible de définir un cadre fonctionnel naturel pour l'étude des équations aux dérivées partielles, par exemple.

L'ouvrage s'adresse particulièrement aux étudiants de licence et maîtrise ; il intéressera également les élèves des écoles d'ingénieurs qui y trouveront les outils utiles à la résolution de nombreux problèmes.

De nombreux exercices de difficulté variable sont proposés dans le texte. Certains ne sont que des applications directes de résultats généraux ; d'autres, présentés sous forme de problèmes, apportent des compléments intéressants ou développent des exemples concrets ; des indications détaillées guident le lecteur dans la recherche des solutions lorsqu'il s'agit de techniques particulières. Les solutions de ces exercices sont publiées dans les ouvrages de Claude Wagschal, chez le même éditeur, dans la collection *Livrets d'exercices* et intitulés *Calcul différentiel* et *Intégration*.

ISBN 2 7056 6376 2. 1998. Collection *Méthodes*. 220 x 150, 480 p. 220 F.

Claude Wagschal

INTÉGRATION

Ce livret propose un corrigé de la plupart des exercices figurant dans le chapitre 2 du livre du même auteur, *Dérivation, intégration*. Certains exercices ont été regroupés pour constituer des exercices plus substantiels, voire des problèmes. Une table de concordance à la fin de ce livret permettra au lecteur qui le désire de retrouver rapidement où se situe le corrigé de chaque exercice du livre.

Les références à trois chiffres (p.q.r.) faites ici, qu'il s'agisse de théorème, proposition, etc., renvoient à l'un des ouvrages suivants :
C. Wagschal, *Topologie et analyse fonctionnelle*, Hermann, Paris, 1995.
C. Wagschal, *Dérivation, intégration*, Hermann, Paris, 1999.

ISBN 2 7056 6377 0. 1999. Collection *Livrets d'exercices*. 190 x 130, 136 p. 58 F.

Laurent Mazliak

CALCUL DE PROBABILITÉS

Destiné aux étudiants de premier et deuxième cycle des études universitaires scientifiques comme aux candidats au CAPES de mathématiques, cet ouvrage traite de probabilités, de variables, de fonctions caractéristiques et de convergences.

Des rappels de cours sans démonstration sont suivis d'exercices, de problèmes et de corrigés.

Laurent Mazliak est maître de conférences à l'Université de Paris IV.

ISBN 2 7056 6356 8. 1998. Collection *Livrets d'exercices*. 190 x 130, 112 p. 58 F.

Imprimé en France par
LIGHTNING SOURCE
www.lightningsource.fr

Printed in Dunstable, United Kingdom

91218876R00057